B. Sridhar

Marcação de água em vídeo usando a abordagem de entrelaçamento para proteção de direitos de autor

ScienciaScripts

Imprint

Cover image: www.ingimage.com

This book is a translation from the original published under ISBN 978-620-2-01410-6.

Publisher:
Sciencia Scripts
is a trademark of
Dodo Books Indian Ocean Ltd. and OmniScriptum S.R.L publishing group

120 High Road, East Finchley, London, N2 9ED, United Kingdom
Str. Armeneasca 28/1, office 1, Chisinau MD-2012, Republic of Moldova, Europe
Printed at: see last page
ISBN: 978-620-7-68259-1

ÍNDICE DE CONTEÚDOS

Dedicado à

minha mulher

SMalathi

&

As minhas filhas

SMadhusri Sdhanusri

RECONHECIMENTO

A conclusão bem sucedida de qualquer tarefa estaria incompleta se não mencionasse as pessoas que a tornaram possível e cuja orientação e encorajamento constantes nos garantiram este sucesso. Em primeiro lugar e acima de tudo, agradeço ao **"ALMIGHTY"** pela sua bênção e misericórdia substanciais em todas as fases do trabalho.

Estou extremamente grato ao nosso respeitoso Presidente, **Sri Marri Laxman Reddy**, e ao Eminente Secretário**, Sri Marri Rajashekar Reddy**, do MLR Institute of Technology, Hyderabad, pelo encorajamento e pela disponibilização das instalações necessárias para a conclusão deste livro.

É com grande prazer que exprimo os meus sinceros agradecimentos ao nosso Diretor, **Dr. P. Bhaskara Reddy**, **M.Tech., Ph.D.,** do MLR Institute of Technology, Hyderabad, que me deu autorização e me encorajou a perseguir novos objectivos e ideias ao escrever o meu trabalho. Estou extremamente grato ao **Dr. A.V.Paramkusam, M.E., Ph.D.,** Professor e Diretor do Departamento de ECE, do MLR Institute of Technology, por me ter dado um apoio tão agradável.

Gostaria de expressar o meu profundo sentimento de gratidão e agradecimento ao **Dr. C. Arun**, Professor, Departamento de Engenharia Eletrónica e de Comunicações, RMK College of Engineering and Technology, Chennai, pelo seu grande interesse, orientação inspiradora e motivação altruísta pelo meu trabalho durante todas as fases, para que este livro se tornasse realidade.

Gostaria de manifestar a minha profunda gratidão aos meus pais, irmã e irmão pelo seu constante encorajamento ao longo da minha carreira e, em particular, durante esta extenuante jornada. Agradeço sinceramente à minha mulher, **S. Malathi,** pela sua motivação constante.

SRIDHAR B

CAPÍTULO 1

INTRODUÇÃO

Hoje em dia, as aplicações exigem um papel cada vez mais importante dos conteúdos multimédia e de vigilância. É armazenada e processada uma enorme quantidade de dados. Tornou-se possível distribuir digitalmente conteúdos multimédia através da World Wide Web a um grande número de pessoas de uma forma rentável. Durante a transmissão, uma pessoa não aprovada pode facilmente adquirir e controlar os dados; desta forma, a proteção da informação e a distinção dos controlos é uma tarefa vital (Arnold et al. 2003). Uma vez que a informação computorizada não tem qualquer conflito entre a qualidade de um original e da sua cópia (Cox et al. 1997). Vários investigadores têm procurado encontrar respostas para a proteção dos direitos de autor. A melhor forma de garantir a proteção da informação multimédia contra a transmissão e gravação ilegais consiste em colocar um sinal no suporte de cobertura para confirmação do proprietário da informação.

1.1 SEGURANÇA MULTIMÉDIA

Multimédia é o conjunto de texto, imagens, som, gráficos, animação e outros meios de comunicação que formam um todo orgânico, para atingir uma determinada função. Uma imagem digital (Rafael et al. 2008) é uma representação de imagens bidimensionais como um conjunto finito de valores digitais chamados elementos de imagem ou pixéis. Na era atual, um vídeo é considerado uma ferramenta importante que pode combinar todos os tipos de elementos multimédia, como texto, áudio, imagens estáticas e em movimento, porque o vídeo permite transferir uma enorme capacidade de informação num ambiente com limitações de tempo. Do mesmo modo, em resultado dos desenvolvimentos modernos na inovação das tecnologias da informação, a maior capacidade de conteúdos digitais de alta qualidade é criada a partir da televisão de alta definição (HDTV) e do disco de vídeo digital (DVD). No entanto, este progresso é difícil devido à proteção intelectual dos conteúdos de vídeo (Surekha et al. 2010). Este facto tornou necessária a utilização de técnicas que controlem o acesso aos conteúdos de vídeo, limitando os direitos de visualização, os direitos de recriação ou os direitos de duplicação.

A comunicação segura é caracterizada como uma tarefa em que os dados secretos são partilhados entre pessoas autorizadas e não são desejados por terceiros. Por esta razão, a pessoa que inicia a comunicação e a pessoa que recebe os dados secretos no final da comunicação requerem uma forma de comunicação que não seja suscetível de interceção (Kurose & Rose 2007). A comunicação segura permite que a fonte e o destino comuniquem com diferentes graus de certeza de que os dados partilhados não podem ser captados por terceiros. O procedimento que pode proteger a propriedade contra a dispersão ilícita é a ocultação da informação. Os dois principais sistemas de segurança para proteger a informação digital são a criptografia e a esteganografia. A Figura 1.1 mostra a classificação dos diferentes tipos de sistemas de segurança multimédia que são acessíveis para proteger os dados informatizados.

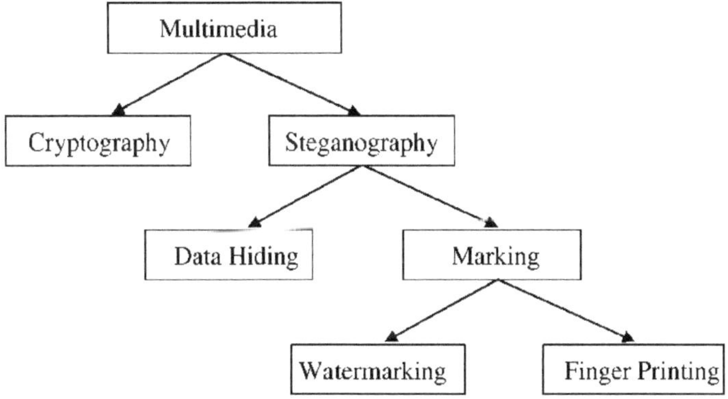

Figura 1.1 Ferramentas de ocultação de dados ou informações

A criptografia é o processo de transformação dos conteúdos digitais num formato impercetível. Nesta técnica, o texto simples é transformado em texto cifrado, o que se designa por encriptação. Um texto simples refere-se a dados que não foram encriptados e um texto cifrado refere-se a dados que foram encriptados. Uma técnica de cifragem é considerada boa se dificultar o retorno do texto cifrado ao texto simples sem uma chave secreta. Utilizando uma chave secreta, o recetor pode descodificar a mensagem cifrada para recuperar a mensagem original. Diz-se que este processo é desencriptado. Assim que a operação de descodificação tiver sido realizada com êxito, os dados estarão prontos para serem acedidos. A ideia de uma cifra de bloco é encriptar um bloco completo de informações e criptografá-lo como um bloco completo, tudo ao mesmo tempo. Os blocos têm normalmente cerca de 64 bits ou 128 bits, o que significa que o tamanho é pré-determinado e permanece o mesmo durante a encriptação e a desencriptação. A cifra de fluxo é outro tipo de encriptação utilizado para a encriptação simétrica. Ao contrário do bloco, em que toda a encriptação é feita de uma só vez, a encriptação em cifras de fluxo é feita um bit de cada vez.

As técnicas criptográficas são utilizadas para encriptar (baralhar) as mensagens antes de estas serem armazenadas ou transmitidas. As informações encriptadas podem ser armazenadas em suportes não seguros ou transmitidas através de um sistema não seguro. Mais tarde, a informação pode ser decifrada para a sua forma original. Assim, esta ferramenta de ocultação de informação preocupa-se com a proteção do conteúdo digital da mensagem. A figura 1.2 mostra um exemplo de processo de criptografia.

Figura 1.2 Processo de criptografia

No momento em que os dados são encriptados, a mensagem codificada e uma chave de encriptação são passadas para o algoritmo de encriptação. Para desencriptar os dados digitais, o texto cifrado e uma chave de desencriptação são passados para o algoritmo de desencriptação. A encriptação e a desencriptação podem ser efectuadas utilizando uma única chave, num processo designado por encriptação de chave simétrica. Por conseguinte, as chaves utilizadas nos métodos criptográficos devem ser mantidas tão protegidas quanto possível. A tarefa difícil na técnica de criptografia é negar corretamente o acesso à chave de desencriptação, porque qualquer pessoa que a adquira pode facilmente desencriptar todas as mensagens.

A encriptação assimétrica é outro tipo de encriptação, também designada por criptografia de chave pública. Neste tipo de encriptação, são utilizados dois tipos de chaves, a chave privada e a chave pública. Uma chave privada é guardada para si próprio e não é partilhada com outros e a chave pública é disponibilizada a todos num repositório ou diretório acessível ao público. No sistema de cifragem assimétrica, as chaves pública e privada estão ligadas de modo a que só a chave pública possa ser utilizada para codificar as mensagens e só a chave privada correspondente possa ser utilizada para as decifrar. Além disso, é praticamente difícil encontrar a chave privada se a chave pública for conhecida. A autenticação é o processo de verificação e confirmação da identidade de uma pessoa ou entidade. Por exemplo, no dia a dia, a documentação física, frequentemente designada por credenciais, é utilizada para verificar a identidade de uma pessoa. A integridade dos dados é a proteção da informação contra danos ou manipulação deliberada. No mundo real, os selos são utilizados para fornecer e provar a integridade.

A esteganografia consiste em ocultar uma mensagem num dado de cobertura, para obter novos dados, praticamente indeterminados, cuja mensagem oculta não pode ser detectada pelas pessoas a partir dos novos dados de cobertura. Esteganografia significa literalmente "escrita coberta". Mais frequentemente, a esteganografia é aplicada a imagens, mas muitos outros dados ou tipos de ficheiros, como áudio, vídeo, texto e programas executáveis, também são possíveis. A esteganografia consiste em ocultar a sua própria existência (Cheddad et al. 2010). A Figura 1.3 mostra um modelo de esteganografia.

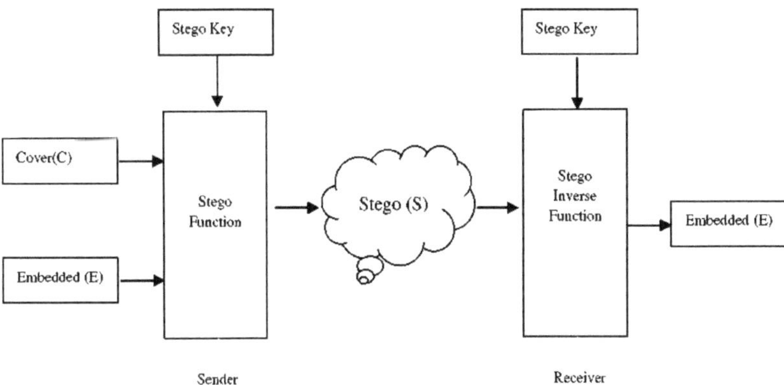

Figura 1.3 Estrutura do modelo de esteganografia

A proteção contra a deteção e a remoção são as duas formas gerais de esteganografia. A proteção dos dados contra a deteção inclui métodos que podem ser utilizados para ocultar a informação que é impercetível para terceiros. Os dados inseridos só podem ser conhecidos pelo emissor e pelo recetor. A esteganografia e a criptografia são exemplos de proteção de dados contra a deteção (William Stallings 2003). A abordagem seguinte é a proteção contra a remoção; geralmente, esta técnica é utilizada para marcar algumas informações na imagem de cobertura e para inserir informações sobre o proprietário ou informações sobre direitos de autor. As técnicas de marcação de dados podem ser classificadas como impressão digital e marca de água digital.

A impressão digital destina-se a proteger os multimédia contra a redistribuição não autorizada. Incorpora um padrão único na cópia de cada utilizador, que pode ser extraído com a ajuda do padrão identificado e armazenado numa base de dados. Este funciona como informação de direitos de autor e permite detetar qualquer utilização não autorizada dos dados digitais. Um sistema de impressão digital tem de criar uma base de dados que possa ser utilizada para identificar uma parte exacta de um conteúdo, para que o sistema volte a encontrar a mesma parte do conteúdo. O ataque de conluio é um ataque rentável contra a impressão digital, em que o grupo de utilizadores pode combinar as suas cópias do mesmo conteúdo, mas com impressões digitais diferentes, para gerar uma nova versão. Se forem concebidas de forma incorrecta, as impressões digitais podem ser atenuadas ou mesmo removidas pelo ataque de colusão (Zhao et al. 2005).

1.2 MARCA DE ÁGUA DIGITAL

Uma técnica que descreve as tendências que ocultam a informação, como os meios digitais, chama-se Digital Watermarking. Um ser humano não consegue visualizar a mensagem a olho nu e percebe-a como um meio de cobertura normal (Podilchuk & Delp 2001). A marca de água digital ganhou mais atenção ao provar a integridade e a autenticidade do proprietário (Piva et al. 2002), razão pela qual tanto a indústria como os académicos estão a trabalhar seriamente na marca de água digital. A figura 1.4 mostra os componentes básicos da técnica de marca de água.

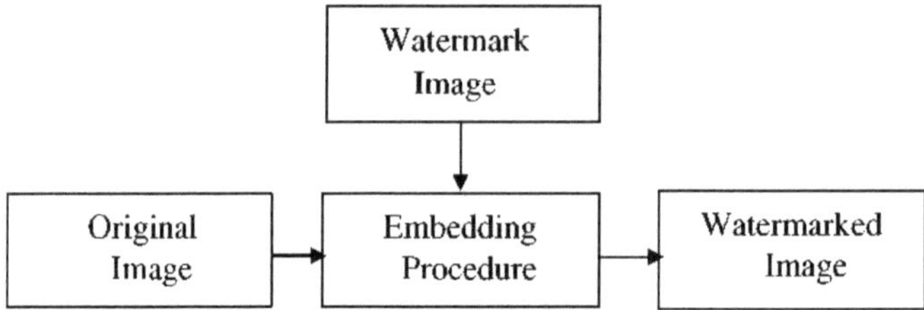

Figura 1.4 Componentes básicos da técnica de marca de água

1.2.1 História da marca de água

Há mais de 700 anos, as marcas de água para papel eram utilizadas em Fabrioano, Itália, para indicar a marca do papel. Depois, a utilização de marcas de água aumentou em Itália e espalhou-se rapidamente pela Europa. Basicamente, para identificar a marca do papel, eram utilizadas marcas de água na fábrica de produção. Mais tarde, as marcas de água passaram a ser utilizadas para indicar o formato do papel e a qualidade e autenticidade do mesmo. Emil Hembrooke registou uma patente em 1954 para identificar obras musicais, o que constituiu o primeiro exemplo de inovação, semelhante à marca de água. Em 1988, Komatsu e

Tominaga parecem ser os primeiros a utilizar o termo "DIGITAL WATERMARKING". Foi só a partir de 1995 que se iniciou a maior parte do trabalho de investigação no domínio da marca de água digital e que várias organizações começaram a incluir a tecnologia de marca de água em diferentes normas. A marca de água na moeda foi utilizada como medida de segurança contra a contrafação de moeda e ainda hoje é utilizada como elemento de segurança na moeda.

1.2.2Características da marca de água

A marca de água digital pode ajudar na proteção dos direitos de autor, na monitorização da difusão e na autenticação de dados. Qualquer técnica de marca de água tem de ser avaliada com base nas seguintes características (Huang & Wu 2004).

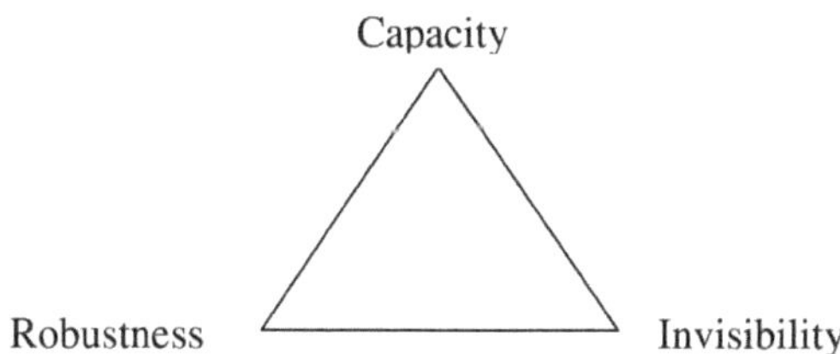

Figura 1.5 Características do sistema de marca de água

Capacidade: A quantidade de informação que pode ser incorporada no meio de cobertura. Depende principalmente do método utilizado para a marca de água.

Robustez: Uma técnica de marca de água é considerada robusta se for capaz de preservar a mensagem secreta sob vários ataques, como filtragem, compressão ou corte.

Invisibilidade: Uma técnica de marca de água tem uma boa propriedade de invisibilidade se não formos capazes de notar as alterações no meio de cobertura após a ocultação da marca de água. Os três requisitos acima referidos implicam um triângulo de compromisso, como se mostra na Figura 1.5. Se conseguirmos obter duas das três propriedades, então a terceira deve ser negociada.

1.3 TIPOS DE MARCAS DE ÁGUA E TÉCNICAS DE MARCA DE ÁGUA

As marcas de água e as técnicas de marca de água podem ser divididas em várias categorias de várias formas, como se mostra na Figura 1.6. As técnicas de marca de água podem ser divididas em quatro categorias (Hal Berghel 1997), de acordo com o tipo de documento a marcar como marca de água de texto, imagem, áudio e vídeo. A marca de água de texto tem por objetivo incorporar informação extra no próprio texto (Mei et al. 2001). As principais características são a transferência de informação oculta de autenticação de autoria.

A marca de água em imagens consiste em ocultar informações secretas numa imagem digital com o objetivo de obter robustez para a proteção dos direitos de autor (Alessandro et al. 2010). As marcas de água de áudio são sinais especiais incorporados no áudio digital (Bassia & Pitas 1998). Os sistemas de marcas de água em áudio baseiam-se na imperfeição do sistema auditivo humano. No entanto, os seres humanos são mais sensíveis do que os motores sensoriais e, por conseguinte, é difícil conceber bons sistemas de marcas de água para áudio.

A ocultação da informação incorporada em fotogramas de vídeo digital (Liang & Fang 2006; Ersin ELBASI 2007) é a marca de água para vídeo. Idealmente, o utilizador que visualiza o vídeo não consegue perceber a diferença entre o vídeo original, com marca de água, e o vídeo sem marca de água. Com base na perceção humana, as marcas de água digitais podem ser divididas em marcas de água visíveis e invisíveis (Kamran & Muddassar Farooq 2012). Se a informação sobre os direitos de autor aparecer de forma visível na imagem, o que pode ser detectado por um homem comum, chama-se marca de água visível. Na técnica de marca de água invisível, as informações sobre os direitos de autor são ocultadas do suporte hospedeiro e é necessária uma técnica de extração para recuperar as marcas de água. A marca de água invisível é incorporada de forma a que qualquer manipulação ou modificação da imagem com marca de água altere ou destrua a marca de água.

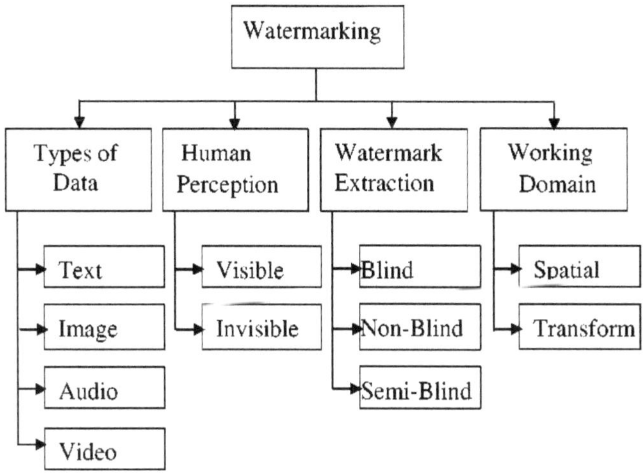

Figura 1.6 Técnicas de marca de água

Com base na deteção da marca de água, as técnicas podem ser classificadas em técnicas de marca de água não cegas, semi-cegas e cegas. O sistema de marca de água não cego é também conhecido como um sistema de marca de água privado (Wang & Zhao 2006; Serdean et al. 2007). Este sistema requer a informação de cobertura original para a deteção. O sistema de marca de água semi-cego é também conhecido como sistema de marca de água semi-privado (Quan & Guangchuan 2003). Este sistema não necessita da informação da capa para a deteção, mas necessita da informação da marca de água, porque pode procurar a marca de água presente ou não no suporte da capa. O sistema de marca de água cega é também conhecido como sistema de marca de água pública (Rawat & Raman 2012; Vafaei et al. 2013). Este é o tipo de sistema de marca de água mais difícil porque não requer a cobertura e a marca de água incorporada.

As duas abordagens diferentes que são utilizadas para incorporar informações de acordo com o domínio são o domínio espacial e o domínio da transformação (Mukherjee et al. 2004; Shah et al. 2005; Riaz et al. 2008). No domínio espacial, é fácil inserir uma marca de água numa imagem anfitriã alterando diretamente os valores dos pixels através da substituição de bits. Por conseguinte, a tarefa de inserção pode ser efectuada muito facilmente e requer um poder computacional mínimo, mas a informação inserida pode ser facilmente detectada utilizando técnicas relacionadas. A maior parte das técnicas de marca de água foram projectadas apenas no domínio da frequência, por ser mais robusto e estável. Neste domínio, a marca de água é inserida nos coeficientes obtidos através de um processo de transformação da imagem, o que torna muito difícil a sua eliminação (Reddy & Chatterji 2005). As transformadas mais comuns são a Transformada Discreta de Fourier (DFT), a Transformada Discreta de Cosseno (DCT) e a Transformada Discreta de Wavelet (DWT).

1.3.1 Marcação de água com base na transformada discreta de Fourier

A Transformada Discreta de Fourier (DFT) de uma imagem é um valor complexo, que permite representar a magnitude e a fase da imagem (Ramkumar et al. 1999). A ocultação da marca de água utilizando a DFT é classificada em dois tipos: técnica de incorporação direta e técnica de incorporação baseada em modelos. Na técnica de incorporação direta, a marca de água é incorporada modificando a magnitude da DFT e os coeficientes de fase. Na técnica baseada em modelos, uma estrutura do modelo é incorporada no domínio DFT para estimar o fator de transformação. O modelo é procurado para ressincronizar a imagem se esta sofrer uma transformação. Os principais inconvenientes da DFT são o seu valor complexo e o facto de consumir uma maior taxa de frequência, bem como a sua fraca eficiência computacional.

1.3.2 Marcação de água com base na transformada discreta de cosseno

Na Transformada Discreta do Cosseno (DCT), uma imagem é dividida em diferentes bandas de frequência: baixa (FL), média (FM) e alta (FH) (Hernandez et al. 2000). A banda de baixa frequência FL aparece no canto superior esquerdo e a banda de alta frequência FH encontra-se nos cantos inferior e direito. Um ser humano pode facilmente captar a informação secreta se uma marca de água for incorporada na banda baixa ou se a banda alta significar que ocorre uma distorção local nos bordos. Assim, a banda de frequência média FM é considerada a melhor região para modificação; não pode afetar a qualidade da imagem. A figura 1.7 mostra as diferentes bandas da imagem através da DCT. Assim, uma banda de frequência média é a melhor banda para incorporar a marca de água. Esta técnica pode sobreviver a ataques como a compressão, o ruído, a nitidez e a filtragem. Considera-se que esta técnica é melhor do que a técnica de marca de água no domínio espacial.

FL	FL	FL	FM	FM	FM	FM	FH
FL	FL	FM	FM	FM	FM	FH	FH
FL	FM	FM	FM	FM	FH	FH	FH
FM	FM	FM	FM	FH	FH	FH	FH
FM	FM	FM	FH	FH	FH	FH	FH
FM	FM	FH	FH	FH	FH	FH	FH
FM	FH	FH	FH	FH	FH	FH	FH
FH	FH	FH	FH	FH	FH	FH	FH

Figure 1.7 Discriminação de frequências por DCT

1.7.3 Marcação de água baseada em SVD

A decomposição do valor singular (SVD) é uma técnica bem conhecida para faturar uma matriz retangular, real ou complexa, que tem sido amplamente utilizada em aplicações de processamento de imagem como a compressão de imagem, o reconhecimento facial, a marca de água e a classificação de texturas. A equação 1.1 mostra que a decomposição do valor singular de uma matriz retangular *A* é uma decomposição da forma

$A = UDV1$ .1

Onde *U* e *V* são as matrizes ortonormais e *D* é uma matriz diagonal composta por valores singulares de *A*. Na marca de água baseada em SVD, uma imagem hospedeira é factorizada em três matrizes; *U, D* e *VT*. Na maioria dos algoritmos de marca de água baseados em SVD, a informação secreta é adicionada apenas aos valores singulares da matriz diagonal porque a robustez pode ser alcançada nessa matriz diagonal (Tomas kanocz et al 2011).

1.7.4 Marcação de água com base na transformada de Wavelet discreta

A transformada wavelet desempenha um papel vital no domínio das aplicações de processamento de imagem (Mallat 1998; Ganic & Eskicioglu 2004; Olkkonen 2011), como a compressão, o processamento de sinais, a deteção de bordos, a marca de água digital, etc., Uma função matemática utilizada para dividir um sinal em tempo contínuo em diferentes componentes de escala é designada por wavelet. Uma wavelet é uma forma de onda com uma duração efetivamente limitada que tem um valor médio de zero. A Transformada Discreta de Wavelet (DWT) é obtida filtrando o sinal através de uma série de filtros digitais em diferentes escalas. A operação de escala pode ser conseguida modificando a resolução do sinal através do processo de subamostragem. A DWT é calculada através da filtragem sucessiva passa-baixo e passa-alto do sinal discreto no domínio do tempo. A ideia básica da

DWT para imagens bidimensionais é, em primeiro lugar, decomposta em quatro partes de subcomponentes de alta, média e baixa frequência LL_1 , HL_1 , LH_1 e HH_1 (Masataka Ejima & Akio Miyazaki 2000; Yuanyu Ding et al. 2010) através de uma subamostragem crítica dos canais horizontais e verticais utilizando filtros de subcomponentes. A parte de alta frequência contém componentes de borda, enquanto a banda de frequência LL_1 contém componentes de informação. Para obter a decomposição de segundo nível, o subcomponente LL_1 é ainda decomposto e subamostrado de forma crítica em LL_2 , HL_2 , LH_2 e HH_2 . A figura 1.8 mostra os dois níveis de decomposição DWT. A Figura 1.8 mostra a decomposição em dois níveis de uma imagem por DWT.

Na aplicação de marcas de água, a informação secreta é escondida em sub-bandas de nível baixo ou médio da imagem decomposta. Entre os métodos propostos nos últimos anos, a DWT merece maior popularidade devido às suas excelentes características de localização espacial, dispersão de frequências e multi-resolução, sendo computacionalmente mais eficiente do que outros métodos de transformação. Na DWT apenas é calculada a soma ou a diferença do pixel, o que resulta numa maior velocidade do que na DCT e na DFT.

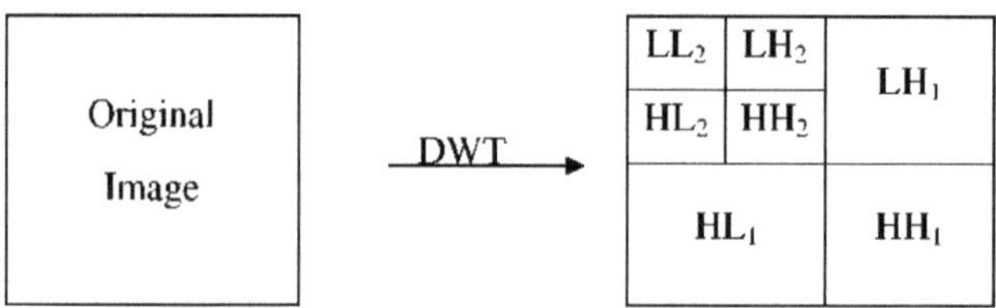

Figure 1.8 Decomposição DWT de dois níveis

As vantagens da DWT são a seleção de sub-bandas adequadas em caso de robustez e impercetibilidade. O sinal original também pode ser reconstruído a partir do conhecimento dos coeficientes da DWT. Este processo de reconstrução é designado por DWT inversa (IDWT).

1.4 MARCA DE ÁGUA DE VÍDEO

A marca de água em vídeo é uma nova área de investigação que beneficia fundamentalmente dos resultados obtidos para as imagens fixas. A marca de água em vídeo apresenta mais desafios do que um esquema de marca de água em imagens, tais como o enorme volume de dados excessivos entre fotogramas. A investigação sobre a marca de água em vídeo foi menos considerada do que a marca de água em imagens; no entanto, foram propostos muitos algoritmos (Doerr & Dugelay 2003; Wang & Pearmain 2006; Kim et al. 2008; Lee et al. 2012). Num vídeo, o mesmo objeto e o mesmo fundo são apresentados em dois fotogramas progressivos com uma pequena alteração na área dos fotogramas. Por conseguinte, a alteração oposta das áreas de semelhança e de protesto em fotogramas progressivos pode resultar em artefactos visuais quando a disposição do vídeo é apresentada em tempo real. Por exemplo, os olhos humanos não conseguem perceber os detalhes de uma imagem em movimento rápido e não são sensíveis à mutilação na região excecionalmente texturada. Quando os objectos são estáticos, a visibilidade da marca de água é normal ou, se forem dinâmicos, a visibilidade aumenta em relação à visibilidade normal. A marca d'água em vídeo apresenta um número maior de dificuldades do que a marca d'água em imagens, devido à ausência de um grande volume de dados excessivos entre as regiões estáticas e dinâmicas. Impercetibilidade, robustez,

A segurança e a capacidade são as principais características de um sistema de marca de água para vídeo. As aplicações da marca de água em vídeo são o controlo de cópias, a impressão digital, a identificação de propriedade, a autenticação, a marcação de vídeo, a monitorização de emissões de vídeo digital, etc.

1.4.1 Ataques na marca d'água de vídeo

De um modo geral, os ataques podem ser classificados em ataques activos e passivos. Nestes tipos de ataques activos, o hacker tenta retirar a marca de água ou torná-la indetetável. Este tipo de ataque é crítico para muitas aplicações, como a identificação de proprietários, a impressão digital e o controlo de cópias. Nos ataques passivos, o hacker não está a tentar remover a marca de água, mas simplesmente a tentar determinar se a marca está presente ou não. Existem muitos desafios na conceção de um algoritmo de marca de água para vídeo. Um vídeo pode ser objeto de vários ataques intencionais e não intencionais (Deguillaume et al. 2000). Os ataques intencionais são geralmente ataques geométricos e ataques de ruído. Dependendo das técnicas de marca de água, alguns ataques geométricos ou de ruído podem impedir a deteção da marca de água.

Os ataques não intencionais conduziram à compressão da informação com marca de água. A principal razão para este ataque é a destruição da marca de água que está escondida na capa com marca de água, reduzindo a dimensão sem perder a informação visual.

1.5 OBJECTIVOS

A marca de água no domínio da transformação pode ser efectuada tanto em vídeo comprimido como não comprimido. A marca de água em sequências de vídeo comprimido é mais compatível, mas a conversão do formato do vídeo com marca de água permite destruir a marca de água incorporada. No entanto, o objetivo da abordagem proposta é apenas o vídeo não comprimido. Os sistemas de marca de água enfrentam dois desafios importantes: zero erros nas cópias perfeitas de multimédia digital e facilidade de manipulação e alteração dos conteúdos digitais. Muitos cientistas estão a trabalhar em técnicas de marca de água em vídeo. No entanto, a rápida revolução na tecnologia sem fios está a exigir a melhoria das técnicas de marca de água em vídeo que podem satisfazer as propriedades de confidencialidade, disponibilidade e fiabilidade. A procura de técnicas para responder aos desafios acima referidos é o objetivo do presente trabalho de investigação.

- Para aumentar a robustez, a carga útil e minimizar a taxa de erro de bits dos algoritmos propostos.
- Desenvolver técnicas para manter a qualidade visual dos dados de vídeo.

CAPÍTULO 2

PESQUISA BIBLIOGRÁFICA

2.1 INTRODUÇÃO

A extensa literatura recolhida relacionada com a melhoria do desempenho das técnicas de marca de água em vídeo é analisada criticamente e apresentada neste capítulo. Além disso, é feita uma revisão exaustiva da literatura sobre a evolução de várias técnicas de marca de água em vídeo para obter robustez e manter a qualidade das sequências de vídeo com marca de água. Além disso, o resumo da revisão da literatura também é fornecido no final da revisão.

2.2 TÉCNICAS DE MARCAÇÃO DE ÁGUA EM VÍDEO DIGITAL

O vídeo é uma reunião da sucessão de imagens fixas, pelo que todas as técnicas, métodos e algoritmos utilizados para inserir a marca de água em imagens fixas serão ajustados pelos investigadores também para o vídeo. Dois métodos são muito comuns na inserção de marcas de água: o domínio espacial e o domínio da transformação. Zhu *et al.* (1998) propuseram um algoritmo de inserção de marcas de água nas componentes temporais estáticas e dinâmicas geradas a partir de uma transformada wavelet temporal do vídeo. Utilizando este esquema, a marca de água multi-resolução pode ser detectada em fotogramas individuais sem conhecimento da localização dos fotogramas na cena do vídeo, e é robusta aos ataques comuns que o vídeo sofre na aplicação diária.

Choong-Hoon *et al.* (2000) descreveram um sistema adaptativo de marca de água em vídeo que utilizava informações sobre o movimento para a incorporação da marca de água. Os blocos adequados para a inserção da marca de água são seleccionados com base em alguns critérios, como os vectores de movimento e o DBD. Os blocos seleccionados são o alvo da incorporação da marca de água. Para a incorporação da marca de água, os blocos são transformados utilizando a transformada wavelet e os coeficientes wavelet são alterados utilizando um sinal aleatório. Todos os blocos seleccionados são seguidos quadro a quadro e a mesma marca de água é incorporada no mesmo bloco.

Chen e G.W.Wornell (2000) propuseram que as técnicas QIM utilizassem diferentes livros de códigos de quantização para representar os dados cobertos, sendo a seleção dos livros de códigos baseada na informação oculta. As técnicas baseadas em QIM têm normalmente capacidades mais elevadas do que os esquemas de espalhamento espetral. A capacidade de qualquer esquema QIM é determinada pela conceção dos esquemas de quantização.

Zhang *et al.* (2001) propuseram um esquema de marca de água em vídeo para incorporar a marca de água em vectores de movimento de maior valor. Esta técnica tem um bom desempenho na ocultação de informação na sequência de vídeo MPEG. No entanto, devido ao seu vetor de movimento de marca de água, o vetor de movimento modificado conduzirá a um esbatimento da imagem. Neste artigo, o autor propôs um novo esquema de marca de água em vídeo para marcar o vídeo original com base na localização da região de movimento, utilizando a análise de componentes independentes (ICA) e a modulação do índice de quantização (QIM). A ICA foi originalmente desenvolvida para separar sinais de áudio misturados em fontes independentes.

Liu *et al.* (2001) apresentaram um algoritmo de marca de água para vídeo nos vectores de movimento. Em primeiro lugar, a componente Y do fotograma P é categorizada numa área de textura elevada e numa área de textura reduzida. Os vectores de movimento são alterados de acordo com a textura da área. Em segundo lugar, os erros de previsão dos blocos correspondentes são novamente calculados de acordo com os vectores de movimento alterados. Finalmente, os novos vectores de movimento, juntamente com os novos erros de previsão, são codificados em fluxos de bits comprimidos. Este algoritmo pode reduzir as falhas e bloquear os efeitos do vídeo com marca de água.

Solanki et al (2002) explicaram como esconder um grande volume de informação nos termos não nulos da DCT após a quantização. Este método não pode fornecer uma capacidade de incorporação suficiente para a nossa aplicação, porque os vídeos de vigilância têm uma elevada correlação temporal, com uma grande fração de coeficientes DCT a serem zero nos quadros inter-codificados.

Sun e Liu (2005) propuseram outro esquema de marca de água em vídeo baseado em cenas, utilizando a análise de componentes independentes (ICA) para extrair o conteúdo de movimento de diferentes cenas. Ambos os algoritmos são baseados em cenas. Para extrair a marca de água, devem segmentar a cena com precisão. No entanto, a técnica de segmentação de cenas continua a ser um problema difícil em aplicações práticas, especialmente no caso de cenas que mudam gradualmente.

Koubaa *et al.* (2007), apresentaram um método eficiente para a marca de água em vídeo que resiste a ataques de colusão e à compressão MPEG. Para o efeito, os autores utilizaram a técnica de mosaiking de vídeo para introduzir a mesma marca de água no mesmo ponto físico ao longo de toda a sequência, de modo a resistir a ataques de colusão. Por outro lado, a criação de uma marca que depende da atividade local e da frequência de aparecimento de cada pixel, torna-a mais robusta, especialmente contra a compressão MPEG. Os principais problemas ocorrem se os parâmetros de deformação estimados não forem suficientemente precisos.

Zhaowan Sun *et al.* (2009), explicaram um esquema de marca de água em vídeo para marcar o vídeo original com base na localização da região de movimento, utilizando a análise de componentes independentes (ICA) e a modulação do índice de quantização (QIM). Uma marca de água é incorporada pelo método QIM nos n^2 blocos (correspondentemente, o comprimento da marca de água é n^2) da região de movimento em cada fotograma do vídeo original. Durante a localização da região de movimento, o quadro dinâmico é extraído pela ICA a partir de dois quadros sucessivos e, em seguida, é calculada a variância de cada bloco 8x8 do quadro dinâmico, de acordo com a qual é determinada a região a ser marcada com água no quadro anterior. Esta região é centrada pelo bloco macro 16x16, cujo movimento relativo é drástico entre os dois fotogramas sucessivos.

J. Hussein *et al.* (2009) apresentaram um novo esquema de marca de água em vídeo baseado na estimativa de movimento para sequências de vídeo a cores no domínio da frequência. Esta técnica foi testada em filmes de vídeo comprimidos (obtidos a partir de um filme de alta qualidade em DVD) e não comprimidos (obtidos por uma câmara digital). A marca de água é uma distribuição Gaussiana aleatória que é incorporada nas regiões de movimento entre fotogramas (bandas HL e LH). Os resultados experimentais mostram que o novo esquema proposto tem um grau mais elevado de invisibilidade contra o ataque de queda de fotogramas, quantização adaptativa e filtragem de fotogramas do que o esquema anteriormente desenvolvido no domínio espacial.

Mansouri *et al.* (2010) apresentaram um novo esquema de marca de água cego e legível no domínio comprimido H.264, em que a incorporação/extração é efectuada utilizando os elementos sintácticos do fluxo de bits comprimido. Esta abordagem não exige a descodificação completa de um fluxo de vídeo comprimido, tanto nos processos de incorporação como de extração. Apresenta também uma análise espácio-temporal pouco dispendiosa que selecciona os submacroblocos adequados para a incorporação, aumentando a robustez da marca de água e reduzindo o seu impacto na qualidade visual. Entretanto, o método proposto evita o aumento da taxa de bits e restringe-o dentro de um limite aceitável, seleccionando resíduos quantizados adequados para a inserção da marca de água.

Emad E. Abdallah et al. (2010) apresentaram uma técnica robusta, híbrida e não cega de marca de água em vídeo MPEG baseada na decomposição do valor singular de um tensor de alta ordem e na transformada wavelet discreta (DWT). A ideia central subjacente a esta técnica é utilizar a análise da mudança de cena para incorporar a marca de água repetidamente nos valores singulares de tensores de alta ordem calculados a partir dos coeficientes DWT de fotogramas seleccionados de cada cena. São apresentados resultados experimentais em sequências de vídeo para ilustrar a eficácia da abordagem proposta em termos de invisibilidade perceptiva e robustez contra ataques.

Maher El'Arbi, *et al.* (2011), propôs um algoritmo de marca de água em vídeo que incorpora diferentes partes de uma única marca de água em diferentes planos de um vídeo no domínio wavelet. Com base numa análise de atividade de movimento, diferentes regiões do vídeo original são separadas em categorias perceptualmente distintas de acordo com a informação de movimento e a complexidade da região. Assim, as localizações da marca de água são ajustadas de forma adaptativa de acordo com o sistema visual humano.

Ali *et al.* (2012) propuseram uma técnica de marca de água baseada em wavelets com a combinação da transformada PCA. Devido às suas excelentes propriedades de localização de espaço-frequência, a DWT é muito adequada para identificar áreas no quadro do vídeo anfitrião onde uma marca de água pode ser incorporada impercetivelmente. A PCA é basicamente utilizada para hibridizar o algoritmo, uma vez que tem a propriedade inerente de remover a correlação entre os dados, ou seja, os coeficientes wavelet, e ajuda a distribuir os bits da marca de água pela sub-banda utilizada para a incorporação, resultando assim num esquema de marca de água mais robusto e resistente a quase todos os ataques possíveis.

Yassin *et al.* (2012), introduziram uma abordagem abrangente para a marca de água em vídeo digital, em que uma imagem binária de marca de água é incorporada nos quadros de vídeo. Cada fotograma de vídeo é decomposto em sub-imagens utilizando DWT de 2 níveis e, em seguida, a transformação da análise de componentes principais (PCA) é aplicada a cada bloco nas duas bandas LL e HH. A marca de água é incorporada no coeficiente máximo do bloco PCA das duas bandas. O esquema proposto é testado utilizando uma série de sequências de vídeo. Os resultados experimentais mostram uma elevada impercetibilidade, não havendo qualquer diferença percetível entre os fotogramas de vídeo com marca de água e os fotogramas originais.

Kashyap e Sinha (2012) implementaram uma técnica robusta de marca de água em imagens para a proteção dos direitos de autor com base na Transformação Wavelet Discreta (DWT) de 3 níveis. Nesta técnica, uma marca de água multibit é incorporada na sub-banda de baixa frequência de uma imagem de cobertura utilizando a técnica de mistura alfa. A inserção e a extração da marca de água na imagem de cobertura em escala de cinzentos são consideradas mais simples do que outras técnicas de transformação. O método proposto é comparado com os métodos de marca de água de imagem baseados na DWT de 1 e 2 níveis, utilizando parâmetros estatísticos como o rácio sinal/ruído de pico (PSNR) e o erro quadrático médio (MSE). Os resultados experimentais demonstram que as marcas de água geradas pelo algoritmo proposto são invisíveis e que a qualidade da imagem com marca de água e a imagem recuperada são melhoradas Bhatnagar e Raman (2012) propuseram um algoritmo robusto de marca de água em vídeo baseado na transformação de pacotes Wavelet (WPT). Uma imagem binária visível e significativa é utilizada como marca de água. Em primeiro lugar, é extraída uma sequência de fotogramas do clip de vídeo. Em seguida, o WPT é aplicado a cada fotograma e, a partir de cada orientação, é selecionada uma sub-banda com base no valor da intensidade média do bloco, designada sub-banda robusta. Uma marca de água é incorporada nas sub-bandas robustas com base na relação entre o coeficiente do pacote wavelet e os seus 8 coeficientes vizinhos (D8), tendo em conta a robustez e a invisibilidade.

Karpe e Mukherji (2013) apresentam uma nova técnica para incorporar uma marca de água de logótipo binário em fotogramas de vídeo, com base na Transformação de Wavelet Discreta (DWT) e na Análise de Componentes Principais (PCA). A PCA é aplicada a cada bloco de duas bandas (LL-HH) que resulta da DWT de cada fotograma de vídeo. Os fotogramas de vídeo são primeiro decompostos utilizando a DWT e a marca de água binária é incorporada nos componentes principais dos coeficientes wavelet de baixa frequência.

Osama Faragallah (2013) apresentou o método de marca de água em vídeo SVD baseado na DWT. Os fotogramas de vídeo são transformados com a DWT utilizando uma decomposição de dois níveis. As bandas de frequência LH, HL e HH são submetidas à transformação SVD e a marca de água é aí ocultada. O método proposto é caracterizado pela cascata de SVD baseada na DWT, utilizando um método aditivo, e é aplicado um código de correção de erros à moldura, ocultando a marca de água com redundância espacial e temporal. As melhorias do algoritmo consistem em aumentar a robustez contra ataques de processamento de vídeo, atingir um nível de segurança elevado, proteger a marca de água contra erros de bit e obter uma boa qualidade percetual.

Jiang Xuemei et al. (2013) propuseram um novo algoritmo de marca de água em vídeo baseado na segmentação de imagens e na classificação de blocos para melhorar a robustez, a impercetibilidade e o desempenho em tempo real com base no codec H.264/AVC. É proposto um método de seleção de fotogramas anfitriões com base na segmentação de planos para evitar a incorporação da marca de água fotograma a fotograma, de modo a melhorar a robustez e o desempenho em tempo real. O sinal da marca de água é cortado em pequenas marcas de água de acordo com o número de planos no vídeo anfitrião, e as pequenas marcas de água são incorporadas em diferentes planos, respetivamente. A capacidade de marca de água e a qualidade percetual são grandemente melhoradas desta forma. É proposto um método de seleção dos coeficientes do anfitrião com base na classificação dos blocos no domínio comprimido da transformação discreta do cosseno (DCT). As características de textura dos blocos anfitriões são consideradas na classificação e os locais dos coeficientes anfitriões podem mudar de forma adaptativa de acordo com o conteúdo do vídeo. A impercetibilidade do vídeo com marca de água é grandemente melhorada por esta via. A modulação simplificada do índice de quantização (QIM) é aplicada para incorporar a marca de água. Esta modulação provoca menos artefactos no sinal do anfitrião do que o principal método de marca de água atual, como o espetro de propagação (SS), a marca de água de energia diferencial (DEW), etc.

Sridhar *et al.* (2014), propuseram um esquema de marca de água em vídeo, no qual a informação secreta sobre a cor é dividida em partes notáveis e oculta quadros seleccionados no domínio wavelet. Consequentemente, a marca de água é disposta corretamente de acordo com a estrutura visual humana, o que a torna inobservável. Além disso, a posição dos dados secretos é estabelecida na imagem de cobertura e flui juntamente com objectos em movimento, pelo que os artefactos de movimento podem ser evitados. A extração de quadros com marcas de água diferentes garante que a marca de água pode ser eficazmente recuperada a partir de um fragmento de vídeo bastante curto. A marca de água inserida é menos detetável e robusta contra ataques regulares de processamento de vídeo com uma imprevisibilidade muito menor.

Yassin *et al.* (2014) descreveram o esquema de marca de água em vídeo digital baseado em DWT e PCA. No início, a DWT de 3 níveis é utilizada em cada fotograma de vídeo, escolhendo ainda os blocos de entropia máxima e transformados utilizando PCA. Utilizando os coeficientes máximos de modulação do índice de quantização (QIM) das sub-bandas, os blocos do PCA são quantizados. Estes tipos de blocos são utilizados para ocultar a marca de água. Nesta abordagem, a chave secreta é gerada no momento da inserção da marca de água e é utilizada para recuperar a marca de água.

Asikuzzaman et al. (2014) descreveram um método de marca de água digital para vídeo 3D renderizado com base em imagens de profundidade. Neste método, a marca de água é incorporada em ambos os canais de crominância de uma representação YUV da vista central utilizando a transformada wavelet complexa de árvore dupla. Em seguida, as vistas esquerda e direita são geradas a partir da vista central com marca de água e do mapa de profundidade, utilizando uma técnica de renderização baseada em imagens de profundidade. Esta marca de água é resistente a distorções geométricas, como o aumento de escala, a rotação e o corte, a redução de escala para uma resolução arbitrária e as distorções de vídeo mais comuns, incluindo a compressão com perdas e o ruído aditivo. Devido à caraterística de invariância de deslocação aproximada da transformada de wavelet complexa de árvore dupla, a técnica é robusta contra distorções nas vistas esquerda e direita geradas utilizando a renderização baseada em imagens de profundidade. O método proposto também pode sobreviver ao ajuste da distância da linha de base e à gravação em câmara 2D e 3D.

Sridhar *et al.* (2015) propuseram uma marca de água aninhada em vídeo com base numa abordagem de partilha. Inicialmente, a informação secreta primária é agrupada em partilhas de pixels alternativos e a marca de água secundária é escondida numa das partilhas invertidas. As partilhas ocultas são reorganizadas na forma normal e empilhadas numa única imagem. Agora, a imagem primária com marca de água é dividida em várias partes e oculta a parte da informação com marca de água em fotogramas específicos sob a forma de wavelet. Por conseguinte, os dados da marca de água são solicitados de forma aceitável pelo quadro visual humano, o que os torna imperceptíveis. A informação oculta é menos percetível e também robusta contra ataques regulares de processamento de vídeo.

Shuvendu Rana et al.(2015) propuseram um esquema de marca de água para vídeo escalável que é robusto contra a escalabilidade espacial e de qualidade. Neste esquema, um quadro DC é gerado pela acumulação de valores DC de blocos não sobrepostos para cada quadro na sequência de vídeo de entrada. A sequência de fotogramas DC é objeto de sobreamostragem e subtraída da sequência de vídeo original para gerar a sequência de fotogramas residual. Em seguida, a filtragem temporal baseada na transformada discreta do cosseno (DCT) é aplicada à sequência de quadros DC e residual. É incorporada uma marca de água nos fotogramas de passagem baixa dos fotogramas DC e é incorporada uma marca de água de amostragem ascendente nos fotogramas residuais de passagem baixa para conseguir a melhoria gradual do sinal da marca de água em camadas de melhoramento sucessivas. É realizado um conjunto exaustivo de experiências para justificar a superioridade do esquema proposto em relação à literatura existente no que diz respeito aos ataques de adaptação espacial e de qualidade, bem como à qualidade visual.

Cabir Vural e Burhan Barakli (2015) descreveram um método de marca de água reversível em vídeo baseado na expansão do erro de interpolação de fotogramas compensado pelo movimento. A correlação entre fotogramas é explorada de forma mais eficiente como resultado da utilização do erro de interpolação de fotogramas compensado pelo movimento em vez do erro de previsão compensado pelo movimento que é utilizado nos actuais métodos de marca de água de vídeo reversível. Com esta abordagem, o vídeo original e a marca de água podem ser obtidos de forma reversível a partir do vídeo com marca de água, e a quantidade de informação lateral no vídeo com marca de água necessária para a descodificação da marca de água e o restauro do vídeo é extremamente reduzida. O método mostra-se superior aos métodos existentes em termos de capacidade e qualidade visual do vídeo, através de simulações computacionais efectuadas para várias sequências de vídeo de teste amplamente utilizadas.

Sridhar *et al.* (2016), propuseram técnicas de marca de água em vídeo com marcas de água a cores. Nesta abordagem, a banda de luminância dos quadros selecionados é levada mais longe, é agrupada em ações alternativas de pixel e inverte essas imagens. Duas imagens de marca de água a cores são divididas em partes distintas e concatenam as suas camadas, sendo ainda incorporadas nas respectivas partes invertidas sob wavelet. As partes são desdobradas numa imagem normal e as designações são empilhadas em camadas de luminância única. Os resultados alcançados permitem que a qualidade da imagem com marca de água seja elevada e que os dados ocultos sejam solicitados de forma aceitável pelo sistema visual humano, o que os torna indetectáveis. A extração garante que a marca de água pode ser eficazmente recuperada a partir de uma parte bastante curta do vídeo. Os dados dissimulados são menos perceptíveis e resistentes a ataques regulares de processamento de vídeo.

Tian *et al.* (2016), explicaram uma marca de água resistente à distorção em barril para HMDs (Head Mounted Display) A máscara de marca de água é incorporada na imagem tendo em conta a impercetibilidade e a robustez da marca de água. A fim de detetar marcas de água a partir de uma imagem pré-formada com distorção em barril, é proposto um método de estimativa da distorção em barril para HMD. De seguida, a mesma distorção é aplicada à máscara da marca de água incorporada com os parâmetros estimados da distorção em barril. A correlação entre a marca de água deformada e a imagem pré-empenada é calculada para determinar a existência da marca de água. O esquema proposto é resistente à distorção de barril combinada e ao pós-processamento comum, como a compressão JPEG.

Ma *et al.* (2016), demonstra um novo método de marca de água baseado no domínio comprimido H.264 para DRM de vídeo, no qual o procedimento de incorporação e extração é realizado utilizando os elementos sintácticos do fluxo de bits comprimido. Com base na análise do tempo e do espaço, são seleccionados alguns sub-blocos adequados para a incorporação de marcas de água, aumentando a robustez da marca de água e reduzindo a diminuição da qualidade visual. A fim de evitar o aumento da taxa de bits e reforçar a segurança do sistema de marca de água em vídeo proposto, apenas um conjunto de coeficientes não nulos quantizados em diferentes partes dos macroblocos é escolhido para inserir a marca de água. Os resultados experimentais mostram que o esquema proposto pode alcançar uma excelente robustez contra alguns ataques comuns, o esquema proposto é seguro e eficiente para a proteção DRM de conteúdos de vídeo

Farnaz Arab et al. (2016) centram-se na marca de água em vídeo, em particular no que diz respeito ao formato de ficheiro de vídeo Audio Video Interleaved (AVI). Os dois novos esquemas de marca de água que parecem oferecer um elevado grau de impercetibilidade e uma deteção eficiente de adulterações. Ambos os esquemas foram submetidos a nove tipos diferentes de ataques comuns, que revelaram que um dos esquemas, o VW8F, é superior, particularmente em termos de impercetibilidade. O VW8F foi então comparado com uma série de esquemas semelhantes de outros autores. Os resultados mostram que o VW8F oferece uma impercetibilidade melhorada (PSNR médio de 47,87 dB) e uma eficiência comprovada na deteção de uma gama mais vasta de adulterações, em comparação com os outros esquemas semelhantes.

Pejman Rasti *et al.* (2016) aborda a questão acima mencionada introduzindo um algoritmo robusto e impercetível de marca de água de fotogramas de vídeo a cores não cego. O método divide os quadros em partes móveis e não móveis. A parte sem movimento de cada canal de cor é processada separadamente usando um esquema de marca d'água baseado em blocos. Os blocos com uma entropia inferior à entropia média de todos os blocos são sujeitos a um processo adicional de incorporação da imagem da marca de água. Finalmente, é gerado um quadro com marca de água, adicionando-lhe partes móveis. São aplicados vários ataques de processamento de sinal a cada quadro com marca de água para realizar experiências e compará-los com alguns algoritmos recentes. Os resultados experimentais mostram que o esquema proposto é impercetível e robusto contra ataques comuns de processamento de sinal.

Agilandeeswari *et al.* (2016) apresentaram uma nova marca de água de imagem a cores codificada e cortada em planos de bits incorporada no vídeo de cobertura a cores utilizando transformações híbridas como a Transformada Contourlet (CT), a Transformada Wavelet Discreta (DWT) e a Decomposição do Valor Singular (SVD) com boa impercetibilidade. Em primeiro lugar, os autores dividem a imagem da marca de água a cores em 24 fatias, utilizando o mecanismo de divisão em planos de bits. Posteriormente, a chamada chave de transformação de Arnold é utilizada para baralhar essas fatias, de modo a atingir o primeiro nível de segurança. Assim, um recetor autenticado, apenas com uma chave adequada, pode descodificar as fatias recebidas. Em seguida, incorporar essas fatias codificadas num dos coeficientes de frequência média DWT (banda LH) de quadros sucessivos de 1 nível CT sem movimento do vídeo de cobertura a cores. Os resultados da simulação provam que o sistema proposto oferece um desempenho fiável contra vários ataques notáveis de processamento de imagem, ataques múltiplos, ataques geométricos e ataques temporais.

Unno *et al.* (2017) explicaram que a técnica utiliza um padrão invisível modulado temporalmente brilhante numa imagem em movimento ou num vídeo. As imagens de fotogramas durante alguns períodos são somadas quando lidas, aumentando o contraste do padrão invisível para o tornar visível. Propõe também um novo método para resolver um problema que ocorre devido a operações assíncronas do ecrã e da câmara de vídeo, e que foi conseguido através da utilização de amostragem com deslocamento temporal. A imagem binária oculta pode ser lida de acordo com as experiências que realizámos para confirmar os resultados. Além disso, os padrões utilizados nesta técnica eram decididamente invisíveis quando colocados por detrás das imagens principais, o que sugeria que a técnica proposta era altamente viável em aplicações práticas, de acordo com esta confirmação.

Nilkanta Sahu e Arijit Sur, (2017) propuseram uma técnica de marca de água que pode resistir ao escalonamento temporal, como a queda de quadros e a adaptação da taxa de quadros devido à compressão escalável, explorando a propriedade de invariância de escala da transformada de caraterística invariante de escala (SIFT). Uma cena de vídeo também pode ser visualizada a partir de um plano lateral em que a altura é o número de linhas numa moldura de vídeo, a largura é o número de molduras na cena e a profundidade é o número de colunas na moldura. Neste trabalho, os valores de intensidade dos locais de incorporação seleccionados são alterados de modo a que possa ser gerada uma caraterística SIFT forte. As características SIFT são extraídas de um plano lateral do vídeo. Estas características SIFT recentemente geradas são utilizadas para o sinal da marca de água e são armazenadas na base de dados para autenticação. Foi efectuado um conjunto exaustivo de experiências para demonstrar a eficácia do esquema proposto em relação à literatura existente contra ataques temporais.

2.3 RESUMO

A partir da análise crítica, é evidente que as técnicas de marcação de água em vídeo são altamente motivadas pelos detentores de direitos de autor para garantir os seus direitos. Em comparação com o domínio espacial, o domínio de transformação é mais robusto e os investigadores têm feito possíveis direcções de investigação para melhorar o desempenho da DCT, da DWT e dos sistemas de marca de água em vídeo de base híbrida. No estudo, algumas das técnicas baseiam-se em vídeo comprimido, mas existe a possibilidade de destruir a marca de água ao escolher a norma de compressão. São necessários muitos mais exames sistemáticos e novos algoritmos para melhorar o processo de marca de água em vídeo.

CAPÍTULO 3

UMA TÉCNICA DE ENTRELAÇAMENTO BASEADA NA MARCA DE ÁGUA CEGA DE VÍDEO UTILIZANDO WAVELET

3.1 INTRODUÇÃO

A tecnologia digital moderna exige um acesso seguro e eficiente à informação. Este rápido crescimento faz com que se perca a confiança na duplicação não autorizada. Assim, a proteção dos conteúdos multimédia torna-se cada vez mais importante. No vídeo, os dados de direitos de autor são implantados na informação do vídeo para que o proprietário autenticado possa provar a sua propriedade em caso de litígio, descobrindo se está a fazer cópias não autorizadas do vídeo com marca de água ou a utilizá-lo de forma ilegal (Lin et al. 2005). A marca de água cega em vídeo tornou-se um campo de investigação atrativo nos últimos anos (Asikuzzaman et al. 2014). Nesta técnica, a autenticidade de um vídeo pode ser encontrada diretamente através da análise das características dos dados suspeitos (Hong et al. 2001; Uccheddu et al. 2004; Wang et al. 2011). Neste capítulo, propusemos a técnica de marca de água de vídeo cega baseada em entrelaçamento com um processo de deteção completamente cego, em que os dados de vídeo de entrada ou qualquer outra informação não são necessários para recuperar a marca de água incorporada. Uma marca de água a cores concatenada é implantada em resultados de quadros de desentrelaçamento que recebem o valor mais elevado de PSNR e o valor de correlação de fluxos de vídeo com marca de água.

3.2 TÉCNICA DE ENTRELAÇAMENTO E DESENTRELAÇAMENTO DE QUADROS

A partilha de fotogramas de vídeo inspira os investigadores a conceberem um algoritmo de marca de água de vídeo cego para pôr termo a essa prática, fundindo alguma segurança ao conteúdo digital (Shang-Lin et al. 2005; Amir & Shahrokh 2007). O algoritmo de deteção é aplicado às partes gémeas para recriar a imagem secreta. Nesta abordagem, a camada de luminância dos fotogramas seleccionados foi submetida ao processo de entrelaçamento, sendo a banda agrupada em partes gémeas como linhas pares e ímpares. Consideremos os quadros seleccionados Y e as duas partes são Y_e e Y_o, em que m *é* o número de linhas e n o número de colunas. Na quota-parte par, apenas as linhas pares estão presentes. Da mesma forma, na partilha ímpar, apenas as linhas ímpares estão presentes na imagem. As equações

(3.1) a (3.3) mostram a representação matricial da matriz original *(Y), das* linhas pares (Y_e) e das linhas ímpares (Y_o). Além disso, remove-se as linhas zero nas partes pares e ímpares e diz-se que esse processo é desentrelaçado, como mostram as equações (3.4) e (3.5). O algoritmo seguinte descreve as técnicas de desentrelaçamento das linhas pares e ímpares de uma imagem.

$$Y = \begin{pmatrix} y_{1,1} & y_{1,2} & . & . & . & . & y_{1,n-1} & y_{1,n} \\ y_{2,1} & y_{2,2} & . & . & . & . & y_{2,n-1} & y_{2,n} \\ . & . & . & . & . & . & . & . \\ . & . & . & & & & . & . \\ . & . & & . & & & . & . \\ . & . & & & . & & . & . \\ y_{m-1,1} & y_{m-1,2} & . & . & . & . & y_{m-1,n-1} & y_{m-1,n} \\ y_{m,1} & y_{m,2} & . & . & . & . & y_{m,n-1} & y_{m,n} \end{pmatrix} \quad (3.1)$$

$$Y_e = \begin{pmatrix} 0 & 0 & . & . & . & . & 0 & 0 \\ y_{2,1} & y_{2,2} & . & . & . & . & y_{2,n-1} & y_{2,n} \\ 0 & 0 & . & . & . & . & 0 & 0 \\ . & . & . & & & & . & . \\ . & . & & . & & & . & . \\ . & . & & & . & & . & . \\ 0 & 0 & . & . & . & . & 0 & 0 \\ y_{m,1} & y_{m,2} & . & . & . & . & y_{m,n-1} & y_{m,n} \end{pmatrix} \quad (3.2)$$

$$Y_o = \begin{pmatrix} y_{1,1} & y_{1,2} & . & . & . & . & y_{1,n-1} & y_{1,n} \\ 0 & 0 & . & . & . & . & 0 & 0 \\ y_{3,1} & y_{3,2} & . & . & . & . & y_{3,n-1} & y_{3,n} \\ . & . & . & & & & . & . \\ . & . & & . & & & . & . \\ . & . & & & . & & . & . \\ y_{m-1,1} & y_{m-1,2} & . & . & . & . & y_{m-1,n-1} & y_{m-1,n} \\ 0 & 0 & . & . & . & . & 0 & 0 \end{pmatrix} \quad (3.3)$$

Algoritmo 1: Desentrelaçamento de quadros para linhas pares de uma imagem

Entrada : Imagem de linhas pares

Saída : Imagem de desentrelaçamento

Passo 1 : Para I de 1 a (Linhas/2) do

Passo 2 : Para J de 1 a Colunas do

Passo 3 : Ler apenas as linhas pares

Passo 4 : Mover as linhas

$$R_2 \rightarrow R_1$$
$$R_4 \rightarrow R_2$$
$$R_6 \rightarrow R_3$$

. .

. .

$$R_m \rightarrow R_{\frac{m}{2}}$$

Passo 6 : Fim para

Passo 7 : Fim para

Algoritmo 2: Desentrelaçamento de quadros para linhas ímpares de uma imagem

Entrada : Imagem de linhas ímpares

Saída : Imagem de desentrelaçamento

Passo 1 : Para i=1 até (Linhas/2) faça

Passo 2 : Para j=1 até Colunas do

Passo 3 : Ler apenas as linhas ímpares

Passo 4 : Mover as linhas

$$R_1 \rightarrow R_1$$
$$R_3 \rightarrow R_2$$
$$R_5 \rightarrow R_3$$

. .

. .

$$R_{2m-1} \rightarrow R_{\frac{m+1}{2}}$$

Passo 5 : Fim para

Passo 6 : Fim para

$$Y_{ed} = \begin{pmatrix} y_{2,1} & y_{2,2} & \cdot & \cdot & \cdot & \cdot & y_{2,n-1} & y_{2,n} \\ y_{4,1} & y_{4,2} & \cdot & \cdot & \cdot & \cdot & y_{4,n-1} & y_{4,n} \\ y_{6,1} & y_{6,2} & \cdot & \cdot & \cdot & \cdot & y_{6,n-1} & y_{6,n} \\ \cdot & \cdot & \cdot & & & & \cdot & \cdot \\ \cdot & \cdot & \cdot & & & & \cdot & \cdot \\ \cdot & \cdot & \cdot & & & & \cdot & \cdot \\ y_{m-2,1} & y_{m-2,2} & \cdot & \cdot & \cdot & \cdot & y_{m-2,n-1} & y_{m-2,n} \\ y_{m,1} & y_{m,2} & \cdot & \cdot & \cdot & \cdot & y_{m,n-1} & y_{m,n} \end{pmatrix} \tag{3.4}$$

$$Y_{od} = \begin{pmatrix} y_{1,1} & y_{1,2} & \cdot & \cdot & \cdot & \cdot & y_{1,n-1} & y_{1,n} \\ y_{3,1} & y_{3,2} & \cdot & \cdot & \cdot & \cdot & y_{3,n-1} & y_{3,n} \\ y_{5,1} & y_{5,2} & \cdot & \cdot & \cdot & \cdot & y_{5,n-1} & y_{5,n} \\ \cdot & \cdot & \cdot & & & & \cdot & \cdot \\ \cdot & \cdot & \cdot & & & & \cdot & \cdot \\ \cdot & \cdot & \cdot & & & & \cdot & \cdot \\ y_{m-3,1} & y_{m-3,2} & \cdot & \cdot & \cdot & \cdot & y_{m-3,n-1} & y_{m-3,n} \\ y_{m-1,1} & y_{m-1,2} & \cdot & \cdot & \cdot & \cdot & y_{m-1,n-1} & y_{m-1,n} \end{pmatrix} \tag{3.5}$$

Y_{ed} *(r, c)* e Y_{od} *(r, c)* são as partes pares e ímpares do desentrelaçamento. Para a técnica de marca de água cega, não é necessário o vídeo original para extrair a marca de água. Antes de inserir a informação secreta numa das imagens de desentrelaçamento, começa-se por estabelecer a diferença entre Y_{ed} e Y_{od} , valor de diferença *(D)* adicionado a Y_{od} .

Agora, a parte ímpar passa a ser Y_{ED} , pelo que a informação pode ser escondida em Y_{ed} e a informação da marca de água pode ser facilmente extraída através de Y_{ED} . As equações (3.6) a (3.8) mostram o procedimento de equalização de duas partes. A simulação experimental é efectuada utilizando o MATLAB. A Figura 3.1 mostra a partilha e o entrelaçamento e desentrelaçamento dos quadros de vídeo.

$$[D]_{\frac{m}{2}xn} = [Y_{ed}]_{\frac{m}{2}xn} - [Y_{od}]_{\frac{m}{2}xn} \tag{3.6}$$

$$[Y_{ed}]_{\frac{m}{2}xn} = [D]_{\frac{m}{2}xn} + [Y_{od}]_{\frac{m}{2}xn} \tag{3.7}$$

$$[Y_{ED}]_{\frac{m}{2}xn} = [D]_{\frac{m}{2}xn} + [Y_{od}]_{\frac{m}{2}xn} \tag{3.8}$$

(a) Interlacing even Share

(b) Interlacing odd Share

(c) Even share deinterlacing image

(d) Odd share deinterlacing image

Figura 3.1 Entrelaçamento e desentrelaçamento de um fotograma de vídeo

3.2.1 Ocultação da marca de água a cores na imagem desentrelaçada

O esquema proposto acrescenta as marcas de água à imagem desentrelaçada (Y_{e_d}) no domínio wavelet. Inicialmente, a marca de água a cores é dividida em diferentes blocos e, posteriormente, concatenam-se as camadas da marca de água a cores. Antes de ocultar a imagem da marca de água a cores com a imagem de cobertura transformada, começa-se por redimensionar as marcas de água de acordo com a imagem anfitriã. O fator de escala adicional (α) é multiplicado pela imagem secreta, o que proporciona a força de incorporação. As marcas de água redimensionadas são adicionadas às frequências de sub-banda de nível inferior da imagem anfitriã. Onde $Y_{ed}^{ll}, Y_{ed}^{lh}, Y_{ed}^{hl}$ and Y_{ed}^{hh} são as sub-bandas de um nível da imagem desentrelaçada. Os principais passos efectuados no sistema de marca de água proposto estão enumerados nas Equações (3.9) a (3.11).

$$[Y_{ed}]_{\frac{m}{2}xn} \xrightarrow{DWT} \begin{bmatrix} Y_{ed}^{ll} & Y_{ed}^{lh} \\ Y_{ed}^{hl} & Y_{ed}^{hh} \end{bmatrix}_{\frac{m}{2}xn} \quad (3.9)$$

$$[S]_{\frac{m}{4}x\frac{n}{2}} = [Y_{ed}^{ll}]_{\frac{m}{4}x\frac{n}{2}} + \alpha * [W_C]_{\frac{m}{4}x\frac{n}{2}} \quad (3.10)$$

$$\begin{bmatrix} S & Y_{ed}^{lh} \\ Y_{ed}^{hl} & Y_{ed}^{hh} \end{bmatrix}_{\frac{m}{2}xn} \xrightarrow{IDWT} [Y_{ed}^{'}]_{\frac{m}{2}xn} \qquad (3.11)$$

Aplicar o inverso da DWT (IDWT) à imagem transformada e obter as acções com marca de água desentrelaçadas Y_{ed} '. A fim de manter a imagem normal, introduziu-se de novo o procedimento de entrelaçamento com duas acções Y_{ed} ' e Y_{ED} adicionando as duas imagens.

Algoritmo 3 : Entrelaçamento da imagem com marca de água

Entrada : Desentrelaçamento da imagem com marca de água

Saída : Imagem com marca de água entrelaçada

Passo 1 : Para I de 1 a (Linhas/2) do

Passo 2 : Para J de 1 a Colunas do

Etapa 3 : Mover as linhas

$$\begin{aligned} R_1 &\rightarrow R_2 \\ R_2 &\rightarrow R_4 \\ R_3 &\rightarrow R_6 \\ &\vdots \\ R_{\frac{n}{2}} &\rightarrow R_n \end{aligned}$$

Passo 5 : Fim para

Passo 6 : Fim para

Do mesmo modo, para a parte do desentrelaçamento sem marca de água que foi submetida ao processo de entrelaçamento, basta adicionar a parte com marca de água e a parte sem marca de água, como na Equação (3.12).

$$Y^{'} = Y_{e}^{'} + Y_{o}^{'} \qquad (3.12)$$

Por fim, concatena-se a camada de luminância com marca de água com as camadas de crominância e obtém-se o quadro *Fk* com marca de água. A Figura 3.2 apresenta uma visão global do esquema proposto.

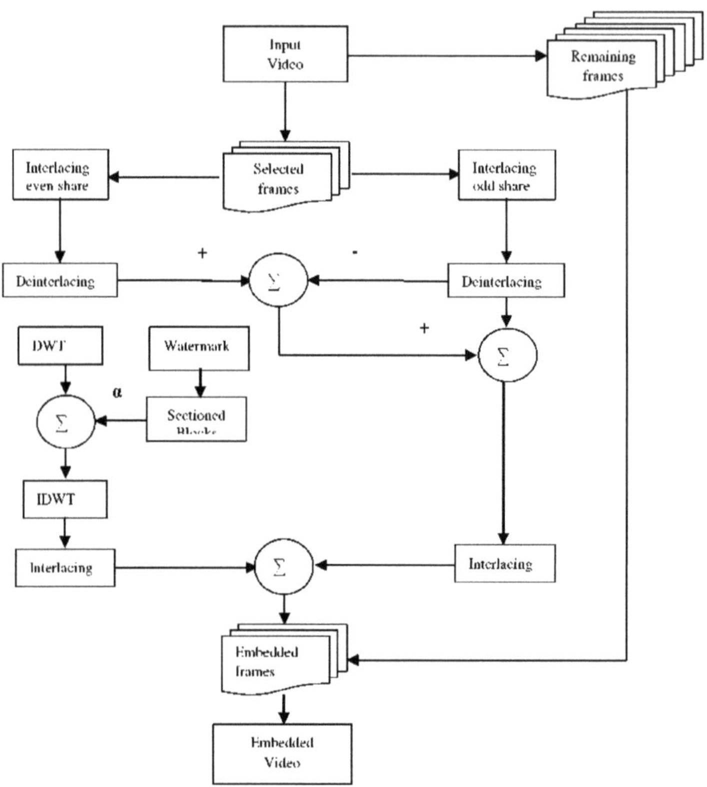

Figura 3.2 Incorporação da marca de água numa técnica de entrelaçamento baseada na marca de água em vídeo

3.2.2 Extração de informações secretas de vídeo

Do lado da extração, identificar os fotogramas com marca de água e dividir os fotogramas com marca de água em partes pares e ímpares. Aplicar agora a transformada wavelet a Y'_{ed} e Y_{ED} , para recuperar a marca de água original. As equações (3.13) a (3.15) mostram o procedimento de extração da informação secreta. A Figura 3.3 mostra o processo de extração da marca de água utilizando uma técnica de entrelaçamento.

$$[Y'_{ed}]_{\frac{m}{2}xn} \xrightarrow{DWT} \begin{bmatrix} S' & Y_{ed}^{lh} \\ Y_{ed}^{hl} & Y_{ed}^{hh} \end{bmatrix}_{\frac{m}{2}xn} \quad (3.13)$$

$$[Y_{ED}]_{\frac{m}{2}xn} \xrightarrow{DWT} \begin{bmatrix} Y_{ED}^{ll} & Y_{ED}^{lh} \\ Y_{ED}^{hl} & Y_{ED}^{hh} \end{bmatrix}_{\frac{m}{2}xn} \quad (3.14)$$

$$[W_C]_{\frac{m}{4}x\frac{n}{2}} = \frac{[S']_{\frac{m}{4}x\frac{n}{2}} - [Y_{ED}^{ll}]_{\frac{m}{4}x\frac{n}{2}}}{\alpha} \quad (3.15)$$

Agora, remova a concatenação, redimensione e empilhe as três camadas de informação secreta $W'(R_S, C_S, L)$ é obtida.

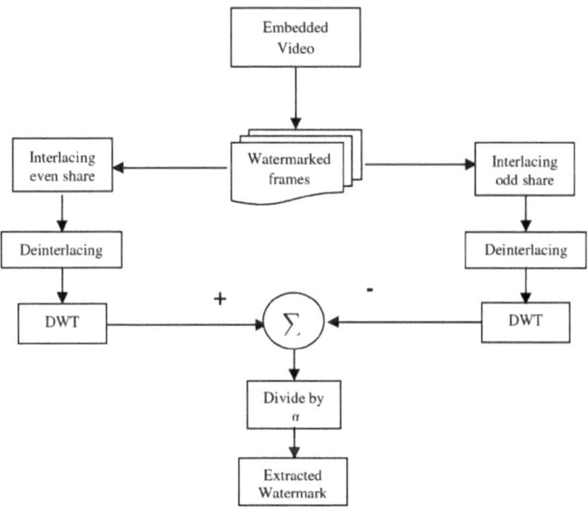

Figura 3.3 Extração da marca de água numa técnica de entrelaçamento baseada na marca de água em vídeo

3.3 RESULTADOS EXPERIMENTAIS DA MARCA DE ÁGUA CEGA EM VÍDEO

Esta secção apresenta resultados de simulação para comparar o nosso desempenho com os métodos existentes. Na nossa abordagem, sequências de vídeo padrão como Akiyo, Galleon, Mother_daughter e Tempete são consideradas como um vídeo original de formato 4:2:0 com 300 fotogramas. As figuras 3.4 e 3.5 mostram os clips de vídeo com marca de água testados com um valor médio de PSNR de cada vídeo com marca de água e a marca de água extraída. O valor PSNR global do método proposto é de 47,9288 dB.

(a) Akiyo (47.9516dB)

(b) Galleon (47.9298dB)

(c) Mother_daughter(47.8547dB)

(d) Tempete (47.9791dB)

Figura 3.4 Clips de vídeo com marca de água testados com valores PSNR

(a) Original Video Frame

(b) Watermarked Frame

48.4306 dB

(c) Extracted Watermark (36.8269dB)

Figura 3.5 Resultados da simulação da marca de água cega em vídeo baseada na

abordagem de entrelaçamento

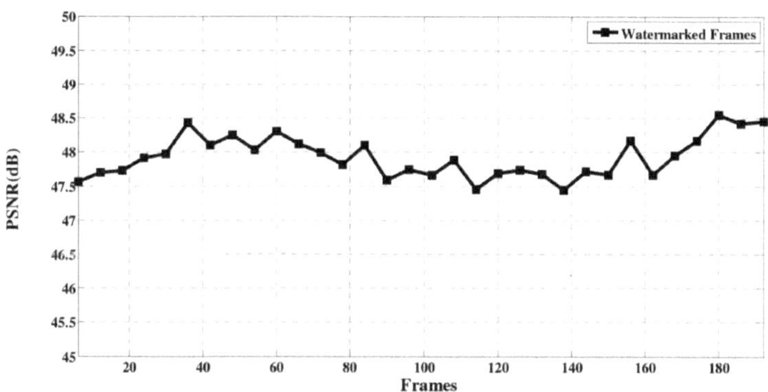

Figura 3.6 Curva PSNR da abordagem de marca de água em vídeo baseada em entrelaçamento

Tabela 3.1 Valores PSNR de quadros seleccionados das sequências de vídeo testadas utilizando a abordagem de entrelaçamento

Moldura	Akiyo	Galeão	Mãe Filha	Tempete	Média
não	PSNR (dB)	PSNR (dB)	PSNR (dB)	PSNR (dB)	PSNR (dB)
6	47.1259	47.2268	48.9848	46.9341	**47.5679**
12	47.2317	47.6056	48.4001	47.5602	**47.6994**
18	48.2074	47.3258	48.4379	46.9657	**47.7342**
24	48.4306	47.6715	48.0814	47.4765	**47.915**
30	47.9627	47.7489	48.6132	47.5720	**47.9742**
36	48.2257	48.4125	48.6288	48.4454	**48.4281**
42	48.1879	48.4817	46.8111	48.9133	**48.0985**
48	48.6065	48.4335	47.2891	48.6665	**48.2489**
54	47.5551	48.2429	47.8064	48.5064	**48.0277**
60	47.9615	48.6330	47.6307	49.0064	**48.3079**

66	47.4625	48.0147	49.0371	47.9593	**48.1184**
72	48.1227	48.3024	46.8858	48.6603	**47.9928**
78	47.9409	48.1805	46.5362	48.5960	**47.8134**
84	48.2315	48.6489	46.2739	49.2461	**48.1001**
90	48.1496	48.0547	45.6159	48.5622	**47.5956**
96	48.4528	48.1291	45.8659	48.5558	**47.7509**
102	47.6437	47.6000	47.8203	47.5860	**47.6625**
108	48.3240	47.8312	47.5770	47.8222	**47.8886**
114	48.1050	47.3797	47.0030	47.3487	**47.4591**

Quadro 3.1 (continuação)

Moldura	**Akiyo**	**Galeão**	**Mãe Filha**	**Tempete**	**Média**
não	**PSNR (dB)**	**PSNR (dB)**	**PSNR (dB)**	**PSNR (dB)**	**PSNR (dB)**
120	48.0457	47.4667	47.9728	47.2884	**47.6934**
126	47.9329	47.4484	48.3614	47.2077	**47.7376**
132	48.1116	47.9209	46.4738	48.2109	**47.6793**
138	48.0253	47.6649	46.1636	47.9318	**47.4464**
144	48.2254	47.8222	46.8517	47.9743	**47.7184**
150	47.4360	47.5767	48.1430	47.5303	**47.6715**
156	47.9293	47.8953	49.1879	47.6687	**48.1703**
162	47.6108	47.5540	48.0108	47.4900	**47.6664**
168	48.1606	48.0902	47.2713	48.2787	**47.9502**
174	47.5031	47.9814	49.3624	47.8395	**48.1716**
180	47.7424	48.3782	49.8441	48.2509	**48.5539**
186	47.7894	48.1675	49.7843	47.9584	**48.4249**

192	48.0098	47.8625	50.6238	47.3195	**48.4539**
Média	**47.9516**	**47.9298**	**47.8547**	**47.9791**	**47.9288**

A Tabela 3.1 acima apresenta os valores PSNR de cada fotograma selecionado que é utilizado na técnica de marca de água de vídeo cega baseada no entrelaçamento. O valor global da PSNR é apresentado no ponto de intersecção final da linha e da coluna na tabela. Nesta técnica de marca de água cega em vídeo, os ataques de ruído e os ataques geométricos estão a passar para os fotogramas com marca de água e medem a robustez da abordagem proposta. Além disso, é efectuada uma filtragem mediana das imagens com marca de água e avalia-se a qualidade das imagens incorporadas. A Figura 3.6 esboça os valores PSNR de cada fotograma com marca de água. Neste método, a força de incorporação (α) é fixada em 0,01. A Tabela 3.2 mostra os valores globais de desempenho PSNR e CC da nossa abordagem.

Tabela 3.2 Valores de desempenho da abordagem de marca de água de vídeo baseada no entrelaçamento

Ataques	**Moldura com marca de água**		**Marca de água extraída**	
	PSNR (dB)	**CC**	**PSNR (dB)**	**CC**
Sem ataques	47.9288	0.9980	36.8269	0.9956
Mediana	42.1131	0.9912	27.6472	0.9910
Sal e pimenta	38.8164	0.8264	24.0920	0.8034
Poisson	33.0167	0.9754	24.6345	0.8545
Manchas	28.9931	0.8758	24.1925	0.8528
Gaussiano	28.7311	0.8799	24.0919	0.8619
Compressão JPEG	32.7348	0.8322	23.5782	0.8237
Rotação	28.8531	0.4790	26.1401	0.7995
Cultivo	29.0079	0.5340	25.8768	0.6110

A Figura 3.7 mostra os diferentes ataques ao quadro com marca de água e a marca de água extraída. Os nossos resultados atingem um valor PSNR razoável de 47,9288 dB. Este valor é superior ao PSNR registado por Coria et al. (2008) que é de 41dB, Niranjan Babu & Jagadeesh (2012) que é de 43,05 dB e Yassin et al. (2014) que é de 47,1078dB.

O MSE médio do nosso método proposto é de 0,1322. A figura 3.8 mostra a representação esquemática da abordagem proposta com as abordagens existentes. Além disso, a técnica SVD aplica-se a este método de entrelaçamento e é comparada com a abordagem baseada em wavelets. Os resultados mostram que a abordagem baseada em wavelets atingiu o valor PSNR e também menos tempo de execução, quando comparada com a abordagem baseada em SVD. A Figura 3.9 mostra os esboços de comparação do domínio de processamento.

(a) Ruído de Poisson

(b) Ruído de sal e pimenta

(c) Ruído de manchas

(d) ruído gaussiano

Figura 3.7 (continuação)

(e) Filtragem mediana

(f) Ataque de compressão JPEG

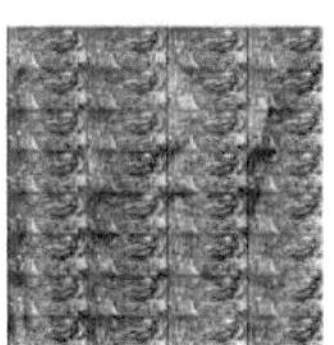

(g) Rotação do quadro

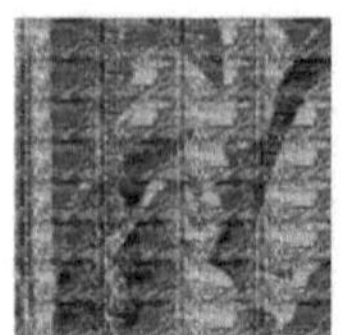

(h) Recorte de quadros

Figura 3.7 Diferentes ataques à abordagem de marca de água em vídeo baseada no entrelaçamento

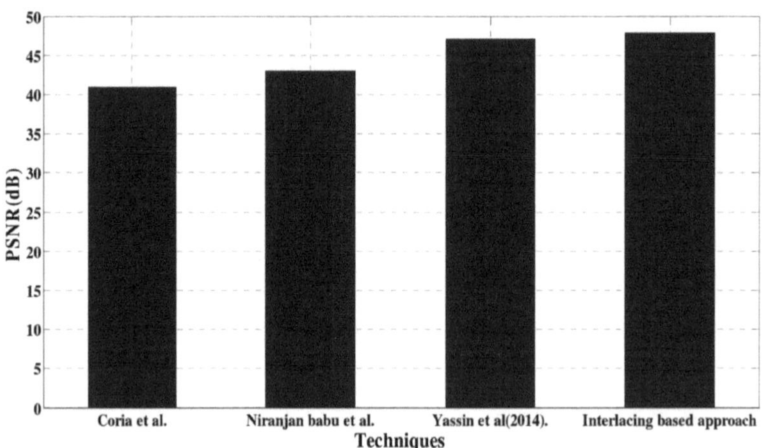

Figura 3.8 Comparação da PSNR com as abordagens existentes

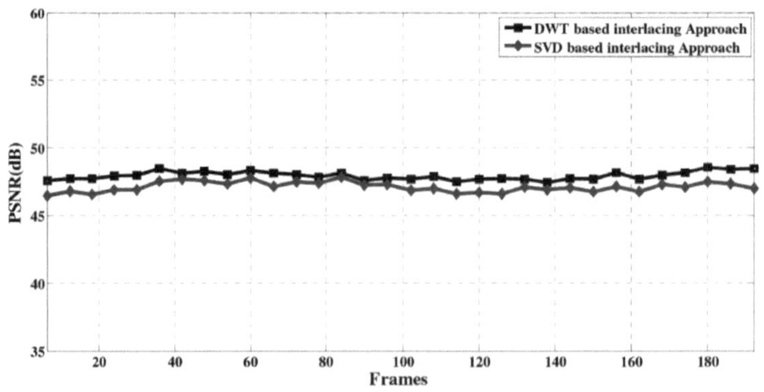

Figura 3.9 Comparação com o domínio de processamento

3.4 RESUMO

Na nossa abordagem, propomos uma técnica de entrelaçamento baseada em marcas de água cegas em vídeo. Os quadros são separados em linhas pares e ímpares de uma imagem, removendo ainda as linhas zero das acções e igualando as duas acções. Na técnica de marca de água cega, o vídeo original não é necessário durante a recuperação da marca de água. Nesta abordagem, os blocos da marca de água são escondidos em qualquer uma das partes da wavelet. No lado do recetor, aplicamos técnicas de entrelaçamento e desentrelaçamento aos fotogramas selectivos, aplicamos ainda a wavelet às duas partes e obtemos a imagem da marca de água. Ao comparar o método proposto com os métodos existentes, o nosso método proposto tem em conta o valor PSNR de 47,9288 dB. O algoritmo pode ser utilizado como técnica de marca de água invisível a cores. A marca de água extraída é quase aceitável e bastante comparável à marca original. O algoritmo é bastante robusto contra ataques de ruído e ataques geométricos.

CAPÍTULO 4

CONCLUSÃO

O enorme crescimento da tecnologia e a necessidade de serviços multimédia tornaram possível a circulação destes vídeos de forma fácil, o que constitui uma vantagem acrescida para o meio de comunicação moderno. Durante a correspondência dos conteúdos digitais aproveita-se a cópia e modifica-se livremente, pelo que a proteção dos conteúdos multimédia é uma tarefa difícil. Marca de água de vídeo cega baseada na técnica de entrelaçamento. Neste esquema, o vídeo original não é necessário para extrair uma marca de água. Na nossa estratégia proposta, intercalamos as linhas pares e ímpares de um quadro selecionado, agrupamos ainda as linhas não pares das partes e igualamos as duas partes. Os blocos da marca de água concatenada são ocultados em qualquer uma das partes equalizadas sob wavelet. A robustez é melhorada com todas as imagens com marca de água atacadas, uma vez que o PSNR mostra uma estima decente em relação à imagem com marca de água original. O nosso esquema tem em conta que o valor PSNR é de 47,9288 dB. A qualidade da marca de água extraída é boa e bastante comparável à original. O resultado do presente trabalho mostra que o elevado grau de invisibilidade e robustez contra ataques. Para além disso, a qualidade do vídeo com marca de água é elevada. Para além disso, o valor médio do PSNR é elevado e obtém-se um tempo de processamento mais reduzido em comparação com os métodos propostos anteriormente. Além disso, o método proposto dá a ideia de serviços de vigilância, o que beneficia comercialmente os utilizadores.

REFERÊNCIAS

Abdallah, EE, Hamza, AB & Bhattacharya, P 2010, 'Video watermarking using wavelet', Signal, Image and Video Processing, vol. 4, no. 2, pp. 233-245.

Agilandeeswari, L & Ganesan, K 2016, 'A robust color video watermarking scheme based on hybrid embedding techniques', Multimedia Tools and Applications, vol. 75, no. 14, pp 8745-8780.

Alessandro, Tiziano & Alessia De Rosa 2010, 'Secure Client-Side ST-DM Watermark Embedding', IEEE Transactions on Information and Forensics Security, vol. 5, no. 1, pp. 13-26.

Ali, U.M., Kumar, E.V. & Kumar, A.J.S 2012, 'Wavelet based Watermarking Techniques using Principal Component Analysis Domain', International Journal of Computer Applications (IJCA), no. 3, pp. 14-19.

Amir, H & Shahrokh, G 2007, 'A collusion-resistant video watermarking Information hiding', Lecture notes in computer science,Springer, Berlin, vol. 4437, pp. 343354.

Arnold, M, Schumucker, M & Wolthusen, S 2003, Techniques and Applications of Digital Watermarking and Content Protection, Artech House.

Asikuzzaman, M, Alam, MJ, Lambert, AJ & Pickering, MR 2014, 'Imperceptible and robust blind video watermarking using chrominance embedding: A set of approaches in the DT CWT domain", IEEE Transactions on Information Forensics and Security, vol. 9, no. 9, pp. 1502-1517.

Bassia, P & Pitas, I 1998, 'Robust audio watermarking in the time domain', Proc. EUSIPCO 98, Ninth European Signal Processing Conference Rodos, Grécia, pp. 25-28.

Bhatnagar, G & Raman, B 2012, 'Wavelet packet transform-based robust video watermarking technique', Indian Academy of Sciences, vol. 37, Part 3, pp.371388.

Cabir Vural & Burhan Barakli 2015, 'Reversible Video watermarking using motion-compensated frame interpolation error expansion', Signal, Image and Video Processing, vol. 9, no. 7, pp 1613-1623.

Cheddad, A, Condell, J, Curran, K & Mc Kevitt, P 2010, 'Digital Image Steganography: Survey and Analysis of Current Methods", Signal Processing, vol. 90, no. 3, pp. 727-752.

Chen, B & Wornell, G.W 2000, 'Quantization index modulation: a class of provably good methods for digital watermarking and information embedding', in Proceedings of the IEEE International Symposium on Information Theory (ISIT'00), Sorrento, Itália.

Choong-Hoon, L, Hwang-Seok. O & Heung-Kyu, L 2000, 'Adaptive video watermarking using motion information', In: Proceedings of the SPIE security and watermarking of multimedia contents II, vol. 3971, 2000, pp 209-216.

Coria, LE, Pickering, MR, Nasiopoulos, P & Ward, RK 2008, 'A Video Watermarking Scheme Based on the Dual-Tree Complex Wavelet Transform', IEEE Transactions on Information and Forensics Security, vol. 3, no. 3, pp. 466-474.

Cox, IJ, Kilian, J, Leighton, FT & Shamoon, T 1997, 'Secure spread spectrum watermarking for multimedia', IEEE Transactions on Image Processing, vol. 6, no. 12, pp. 1673-1687.

Deguillaume, F, Csurka, G & Pun, T 2000, 'Countermeasures for unintentional and intentional video watermarking attacks', In Security and Watermarking of Multimedia Contents II, vol. 3971, pp. 346-357.

Doerr, G & Dugelay, JL 2003, 'A Guided Tour to Video Watermarking', Elsevier Signal Processing: Image Communication, vol. 18, no. 4, pp. 263-282.

El'Arbi, M, Koubaa, M Charfeddine, M & Ben Amar 2011, 'A dynamic video watermarking algorithm in fast motion areas in the wavelet domain', Multimedia Tools and Applications, vol. 55, no. 3, pp. 579-600.

Elbasi, E 2007, 'Robust MPEG Video Watermarking in Wavelet Domain', Trakya Univ J Sci, vol. 8, no. 2, pp. 87-93.

Farnaz Arab, Shahidan M. Abdullah, Siti Zaiton Mohd Hashim, Azizah Abdul Manaf & Mazdak Zamani 2016, 'A robust video watermarking technique for the tamper detection of surveillance systems', Multimedia Tools and Applications, vol. 75, no.18, pp 10855-10885.

Ganic, E & Eskicioglu, AM 2004, 'Robust DWT-SVD domain image watermarking: embedding data in all frequencies', In Proceedings of the ACM Multimedia and Security Workshop, pp. 166-174.

Hal Berghel 1997, 'Watermarking Cyberspace', Comm. of the ACM, Vol. 40, no. 11, pp. 19-24.

Hernandez, JR, Amado, M & Perez-Gonzalez, F 2000, 'DCT-Domain watermarking techniques for still images: Detetor performance analysis a new structure', IEEE Transactions on Image Processing, vol. 9, no. 1, pp. 55-68.

Hong, I, Kim, I & Han, SS 2001, 'A blind watermarking technique using wavelet transform', International Symposium Industrial Electronics, vol. 3, pp. 1946-1950.

Huang, CH & Wu, JL 2004, 'Attacking Visible Watermarking Schemes', IEEE Transactions on Multimedia, vol. 6, no. 1, pp. 16-30.

Huang, HY, Fan, CH & Hsu, WH 2007, 'An effective watermark embedding algorithm for high JPEG compression', in Proc. Machine Vision Applications, pp. 256-259.

Hussein, J & Mohammed, A 2009, 'Robust Video Watermarking using Multi-Band and Wavelet Transform', International Journal of Computer Science Issues, vol. 6, no. 1, pp. 44-49.

Huo, F & Gao, X 2006, 'A Wavelet Based Image Watermarking Scheme', Proc.IEEE-ICIP'06, pp. 2573-2576.

Jiang Xuemei, Liu Quan & Wu Qiaoyan 2013, 'A new video watermarking algorithm based on shot segmentation and block classification', Multimedia Tools and Applications,vol. 62, no.3, pp 545-560.

Kamran, M & Muddassar Farooq 2012, 'An Information Preserving Watermarking Scheme for Right Protection of EMR Systems', IEEE Transactions on Knowledge and Data Engineering, vol. 24, no. 11, pp. 1950-1962.

Kashyap, N. & Sinha, G.R 2012, 'Image Watermarking Using 3-Level Discrete Wavelet Transform (DWT)', International Journal of Modern Education and Computer Science, vol.3, pp. 50-56.

Kim, KS, Lee, HY, Im, DH & Lee, HK 2008, 'Practical, real-time, and robust watermarking on the spatial domain for high-definition video contents', IEICE Trans. Inform. Syst., vol. 91, no. 5, pp. 1359-1368.

Koubaa,M, Ben Amar, C & Nicolas, H 2007, 'Adaptive video watermarking using mosaic images', In: Conferência internacional sobre processamento de sinais e comunicações, pp 1143-1146.

Kshama S. Karpe & Prachi Mukherji 2014, 'Hybrid Digital image Watermarking Technique Based on Discrete Wavelet Transform (DWT) and non blind method', International Conference on Electronics and Communication Engineering (ICECE).

Kurose, JK & Rose, K 2007, Computer Networking, Addison Wesley.

Lee, MJ, Im, DH, Lee, HY, Kim, KS & Lee, HK 2012, 'Sistema de marca de água de vídeo em tempo real no domínio comprimido para conteúdos de vídeo de alta definição: Practical issues", Digital Signal Processing, vol. 22, no. 1, pp. 190-198.

Liang & Fang 2006, 'A DWT-Based Video Watermarking Algorithm Applying DS-CDMA', IEEE Region 10 Conference TENCON 2006, pp. 1-4.

Lin, EI, Eskicioglu, AM, Lagendijk, RL & Delp, EJ 2005, 'Advances in Digital Video Content Protection', Proceedings of the IEEE, vol. 93, no. 1, pp. 171-183.

Liu, J, Nie, K & He, Z 2001, 'Blind separation by redundancy reduction in a recurrent neural network', Chin J Electron, vol.10, no.3, pp.415-419.

Ma, Z, Huang, J, Jiang, M & Niu, X 2016, 'A Video Watermarking DRM Method Based on H.264 Compressed Domain with Low Bit-Rate Increasement', in *Chinese Journal of Electronics*, vol. 25, no. 4, pp. 641-647.

Mallat, S 1998, A Wavelet Tour of Signal Processing, Academic, San Diego.

Mansouri, Aznaveh, A. M, Torkamani-Azar,F & Kurugollu, F 2010, 'A Low Complexity Video Watermarking in H.264 Compressed Domain', em *IEEE Transactions on Information Forensics and Security*, vol. 5, no. 4, pp. 649-657.

Masataka Ejima & Akio Miyazaki 2000, 'A Wavelet-Based Watermarking for Digital Images and Video', ICIP 2000, pp. 678-681.

Mei, Q, Wong, EK & Memon, N 2001, 'Data Hiding in Binary Text Documents', Proceedings of the SPIE, Security and Watermarking of Multimedia Contents III, vol. 4314, pp. 369-375.

Mukherjee, D, Maitra, S & Acton, ST 2004, 'Spatial Domain Digital Watermarking of Multimedia Objects for Buyer Authentication', IEEE Transactions on Multimedia, vol. 6, no. 1, pp. 1-15.

Nilkanta Sahu & Arijit Sur 2017, "SIFT based video watermarking resistant to temporal scaling", Journal of Visual Communication and Image Representation, vol. 45, pp. 77-86.

Niranjan Babu, D & Jagadeesh, D 2012, 'A Blind and Robust Video Water Marking Technique in DCT Domain', International Journal of Engineering and Innovative Technology (IJEIT), vol. 2, no. 2, pp. 128-132.

Olkkonen, H 2011, Discrete Wavelet Transforms - Algorithms and Applications, InTech.

Osama S.Faragallah, 2013 'Efficient Video Watermarking based on singular value decomposition in the discrete wavelet transform domain', International Journal of Electronics and Communications (AEU), vol. 67, no. 3, pp. 189-196.

Pejman Rasti, Salma Samiei, Mary Agoyi, Sergio Escalera & Gholamreza Anbarjafari 2016, 'Robust non-blind color video watermarking using QR decomposition and entropy analysis', Journal of Visual Communication and Image Representation, vol. 38, pp. 838-847.

Piva, A, Bartolini, F & Barni, M 2002, 'Managing copyright in open networks', IEEE Transactions on Internet Computing, vol. 6, no. 3, pp. 18-26.

Podilchuk, CI & Delp, EJ 2001, 'Digital watermarking: Algorithms and applications', IEEE Signal Processing Magazine, vol. 18, no. 4, pp. 33-46.

Quan, H & Guangchuan, S 2003, 'A Semi-blind Robust Watermarking for Digital Images', Proceedings -ICASSP'03, pp. 541-544.

Rafael, G, Gonzalez, C & Woods, RE 2008, Digital Image Processing, Pearson Education.

Ramkumar, M, Akansu, AN & Alatan, AA 1999, 'A robust data hiding scheme for images using DFT', International Conference on Image Processing (ICIP 99), Kobe, vol. 2, pp. 211-215.

Rawat, S & Raman, B 2012, 'A blind watermarking algorithm based on fractional Fourier transform and visual cryptography', Signal Processing, vol. 92, no. 6, pp. 14801491.

Reddy, AA & Chatterji, BN 2005, 'A New Wavelet Based Logo-Watermarking Scheme', Pattern Recognition Letters, vol. 26, pp. 1019-1027.

Riaz, S, Javed, MY & Anjum, MA 2008, 'Invisible watermarking schemes in spatial and frequency domains', In proceedings 4th International Conference on Emerging Technologies, ICET 2008, pp. 211-216.

Serdean, CV, lbrahim, MK, Moemeni, A & Al-Akaidi, MM 2007, 'Wavelet and

Multiwavelet Watermarking', Image Processing, IET, vol. 1, no. 2, pp. 223-230.

Shang- Lin Hsieh, Lung-Yao Hsu & I-Ju 2005, 'A Copyright Protection Scheme for Color Images using Secret Sharing and Wavelet Transform', Proceedings of World Academy of Science, Engineering and Technology, vol. 10, pp. 17-23.

Shuvendu Rana, Nilkanta Sahu & Arijit Sur 2015, 'Robust watermarking for resolution and quality scalable video sequence', Multimedia Tools and Applications, vol. 74, no.18, pp 7773-7802

Solanki, K, Jacobsen,N, Chandrasekaran, S, Madhow, U & Manjunath, B 2002, 'High- vol. data hiding in images: introducing percetual criteria into quantization based embedding', in Proceedings of the IEEE International Conference on Acoustics, Speech and Signal Processing (ICASSP'02), vol. 4, pp. 3485-3488.

Sridhar,B & Arun,C 2014, 'Security Enhancement in Video Watermarking using Wavelet Transform', Journal of Theoretical and Applied Information Technology (JATIT), vol.62, no.3, pp 733-739.

Sridhar, B & Arun,C 2015, 'Secure Video Watermarking Algorithm based on Wavelet with Multiple Watermarks', Latin American Applied Research, vol.45, no.3, pp.207-212.

Sridhar, B & Arun,C 2016, 'An Enhanced Approach in Video Watermarking with Multiple Watermarks Using Wavelet', Journal of Communications Technology and Electronics, vol. 61, no. 2, pp. 165-175.

Surekha, B, Swamy, GN & Roa, KS 2010, 'A Multiple Watermarking Technique for Images based on Visual Cryptography', International Journal of Computer Applications, vol. 1, no. 11, pp. 77-81.

Sun, J & Liu. J 2005, 'A temporal desynchronization resilient video watermarking scheme based on independent component analysis', IEEE international conference on image processing (ICIP 2005), pp.265-268.

Tian,H, Xiao,Y, Cao,G, Ding,J & Ou,B 2016, 'Robust watermarking of mobile video resistant against barrel distortion', in *China Communications*, vol. 13, no. 9, pp. 131-138.

Tomas Kanocz , Peter Go Matis, Patrik Gallo & Dusan Levicky 2011, 'Real -time Digital Video Watermarking Based on SVD', Proceedings of IEEE, pp. 1-4.

Uccheddu, F, Corsini, M & Barni, M 2004, 'Wavelet-based blind watermarking of 3D models', In: Proceedings of ACM Multimedia & Security Workshop, pp. 143-154.

Unno,H, Yamkum,R, Bunporn,C & Uehira,K 2017, 'A New Displaying Technology for Information Hiding Using Temporally Brightness Modulated Pattern', em *IEEE Transactions on Industry Applications*, vol. 53, no. 1, pp. 596-601.

Vafaei, M, Mahdavi-Nasab, H & Pourghassem, H 2013, 'A new robust blind watermarking method based on neural networks in wavelet transform domain', World Applied Science Journal, vol. 22, no. 11, pp. 1572-1580.

Wang, K , Lavoué, G , Denis, F & Baskurt, A 2011, 'Robust and blind mesh watermarking based on volume moments', Computers and Graphics, Vol. 35, no. 1, pp. 1-19.

Wang, XY & Zhao, H 2006, 'A Novel Synchronization Invariant Audio Watermarking Scheme Based on DWT and DCT', IEEE Transactions on Signal Processing, vol. 54, no. 12, pp. 4835-4840.

Wang, Y & Pearmain, A 2006, 'Blind MPEG-2 video watermarking robust against geometric attacks: A set of approaches in DCT domain", IEEE Transactions on Image Processing, vol. 15, no. 6, pp.1536-1543.

William Stallings 2003, Cryptography and Network Security: Principles and Practice, Prentice-Hall, New Jersey.

Yassin, NI, Salem, NM & El Adawy 2012, 'Block based video watermarking scheme using wavelet transform and principle component analysis', IJCSI International Journal of Computer Science Issues, vol. 9, no. 3, pp. 296-301.

Yassin, NI, Salem, NM & El Adawy, MI 2014, 'QIM blind video watermarking scheme based on Wavelet transform and principal component analysis', Alexandria Engineering Journal, vol. 53, no. 4, pp. 833-842.

Yuanyu Ding , Xiaoshi Zheng, Yanling Zhao & Guangqi Liu 2010, 'A Video Watermarking Algorithm Resistant to Copy Attack', in Third International Symposium on Electronic Commerce and Security (ISECS), pp. 289-292.

Zhang, J, Li, J & Zhang, L 2001, 'Técnica de marca d'água de vídeo em vetor de movimento', In: Anais do XIV simpósio brasileiro de computação gráfica e processamento de imagens, pp.179-182.

Zhao, H, Wu, M, Wang, ZJ & Liu, KJR 2005, 'Forensic Analysis of Nonlinear Collusion Attacks for Multimedia Fingerprinting', IEEE Transactions on Image Processing, vol. 14, no. 5, pp. 646-661.

Zhaowan Sun, Ju Liu & Jiande Sun 2009, 'A Motion Location Based Video Watermarking Scheme Using ICA to Extract Dynamic Frames', Neural Computing and Applications, vol. 18, no.5, pp. 507-514.

Zhu, B, Swanson, M.D & Tewfik, A.H 1998, 'Multiresolution scene based video watermarking using percetual models', IEEE J Sel Areas Comm. vol.16, no.4, pp.540-550.

Printed by Books on Demand GmbH, Norderstedt / Germany